KB275148

4차원 문답

4차원 문답

빅뱅에서 은하철도까지

초판1쇄 발행 1983년 12월 05일
개정1쇄 발행 2026년 01월 13일

지은이 쓰즈키 다쿠지
옮긴이 김명수
발행인 손동민
디자인 이지혜

펴낸 곳 전파과학사
출판등록 1956. 7. 23. 제 10-89호
주　소 서울시 서대문구 증가로18, 204호
전　화 02-333-8877(8855)
팩　스 02-334-8092
이메일 chonpa2@hanmail.net
공식 블로그 http://blog.naver.com/siencia

ISBN　979-11-94832-41-6 (03420)

4차원 문답

빅뱅에서 은하철도까지

　과학의 움직임은 철학이나 예술과는 달라서 일진월보하며, 낡은 것은 과학사 속에나 남겨지고 전문가들조차도 되돌아보지 않는 일이 많다는 것이 일반적인 통념이다. 상대론도 그것이 제창되었던 당시에는 "세계에서 이것을 이해할 수 있는 사람은 일곱 사람밖에 없다"고들 말하며, 그 불가사의성 때문에 사람들의 관심을 몰아세웠으나 너무도 현실과 동떨어져 있기 때문에 이윽고 경원(敬遠)하는 기색이 짙어졌다.

　4차원의 시공간이라는 알쏭달쏭한 것을 생각하지 않으면 안 된다는 것, 그 후의 일반 상대성 이론이 너무도 수학적이라는 것, 그것을 구체화하면 휘어진 공간 따위의 상상도 못 할 야릇한 이야기가 되어 버린다는 것…… 등등이 사람들로 하여금 존경은 하면서도 멀리하게 만든 까닭이 아닐까?

　그러나 최근 10년 남짓, 상대론이라고 하기보다는 차라리 "4차원"이라는 것에 관심을 기울이는 사람이 많아진 것 같다. 오랫동안 상대론은 폐쇄적인 이론으로서(상대론 자체는 옳지만, 다른 물리학과의 관계가 지극히 적다는 뜻이다) 그다지 문제시되지 않았다. 그러나 천문학, 전체 물리학, 특히 우주를 들여다보는 각종 망원경(특히 전파망원경 등) 등을 사용하는 기술면에서의 발달 등이 다시 우주로 눈을 돌리게 하는 매력을—처음에는 그 방면의 전문가에게—가르쳐 주었다.

매력적인 대상물은 학자들만의 전유물이 아니다. 이윽고 일반 사람들에게도 4차원의 시공간이라는 생각이 퍼졌다. 블랙홀 따위의 상상도 못할 강력한 중력이 우주 어딘가에 있다고 하는 이 한마디조차도 번잡한 일상생활을 잊게 하고 현실을 떠난 상상속으로 우리를 이끌어 준다.

이 책은 4차원, 상대론, 우주 등에 대해 전혀 초보적인 사람을 대상으로 하여 쓴 것이다. 워프(warp) 항법이니 하이퍼스페이스니 하는 말이(아마도 SF만화가 그 근원이라 생각되지만) 최근에 쓰여지게 되었는데 이런 말의 의미도 설명하도록 마음을 썼다. 또 무척 소박한 의문으로서 "우주의 제일 시초는 어떻게 되어 있느냐?"라든가 "우주 끝에는 무엇이 있느냐?" 따위의 것을 질문하는 입장에 서서 함께 생각해 보도록 애썼다. 화제는 과학이론으로서의 빅뱅에서부터 SF적 발상인 은하철도에까지 이르고 있다는 점이다. 같은 블루백스의 『4차원의 세계』에 쓰지 못했던 것도 수록했으므로 이 책은 그것의 속편이라고 생각해 주어도 된다.

2장 · 세계는 휘어진다

3장 · 불가사의한 구멍

4장 · C의 저편

1장

펑!

사물에는 "시초"라는 것이 있을 것이다. 우리가 살고 있는 우주에도 그 어느 때였는지 시초가 있었을까?

[답] 19세기까지 우주는 영원한 과거에서 영구한 미래에 걸쳐 끝없이 이어진다는 사고방식이 지배적이었다. 새로운 별의 탄생이나 기성 천체의 붕괴 등, 그 밖의 갖가지 일들이 우주에서 일어나고 있는데, 그것들을 품고 있는 우주 공간 자체는 무한히 이어진다고 하는 것은 타당한 생각이다. "인생은 짧다. 그러나 예술은 영원하다"라느니 "육체는 사라져도 넋은 영구히 살아 있다"라는 등의 말 밑바닥에는 우주가 무한히 이어진다는 의식이 깔린 것이 아닐까?

미래의 문제는 접어 두고라도 우주에는 시초가 있었다고 제창한 사람은 러시아의 프리드만(A. Friedmann, 1889~1925)이라는 수학자다. 20세기가 되자 아인슈타인(A. Einstein, 1879~1955)의 상대성 이론이 발표되고, 우주 공간의 상태가 수학을 사용하여 제안되었다. 프리드만은 1922년에 이 수식을 풀이하여 현재 우주는 팽창하고 있다는 결론을 내렸다. 이것은 1929년에 미국의 천문학자 허블(E. P. Hubble, 1889~1953)에 의하여 입증되었으며, 현재는 이 우주 팽창설을 의심하는 학자는 거의 없다시피 되었다.

이것은 곧 과거에는 우주가 훨씬 더 작았었다고 생각하지 않으면 안 되는 것이다. 정밀하게 역산해 보면 우주는 백수십억 년 전에 출현했다는 것이 된다. 이때의 우주는 도무지 상상조차 할 수 없는 고온 고압의 불덩어리였다. 르메트르(A. G. E. Lemaitre, 1894~1966)라는 학자는 이것을 우주의 알이라 일컬었다. 우주의 알은 순식간에 대폭발을 일으켰다. 1940년대 후반에 미국의 가모프(G. Gamow, 1904~1968)는 이 폭발을 빅뱅(big bang)이라 명명했는데, 애초에는 공상 과학 소설(SF) 정도로밖에는 이해되지 못했던 이 이름도 그 후 차츰차츰 학자들에게 인정되어 현재는 거의 정착된 실정이다.

빅뱅(대폭발)이 얼마나 엄청난 것이었는지는 다음과 같다. 최초의 100분의 1초 후에는 온도가 1,000억 도에 밀도는 물의 40억 배였고, 10분의 1초 후에는 온도 100억 도에 밀도는 물의 40만 배쯤으로 내려간 것으로 생각된다. 그리하여 5분 후에는 온도는 벌써 수억 도로 내려가 있었다. 백수십억 년이라는 기나긴 역사를 가진 우주가 이처럼 순식간에 창생(創生)되었다고 하는 것은 참으로 놀라운 사실이다.

우주의 창생이 백수십억 년 전이라면, 백수십억 년보다 그전에는 어떻게 되어 있었을까?

[**답**] 지당한 질문이다. 백수십억 년이라고 하면 엄청나게 긴 세월이지만, 그것이 아무리 길다고 하더라도 백수십억 년이라고 한정한 바에는

그보다 이전의 우주가 어떠했었느냐는 의문이 생기는 것은 당연한 일이다. 많은 해설서에는 "최초에 빅뱅이 있었다. 그것이 우주의 시초이다"라고만 씌어 있다. 빅뱅에 의하여 시작되었다고 하는 말은 그렇다 치더라도, 빅뱅의 훨씬 더 이전은 도대체 어떻게 되어 있었냐고 묻고 싶은 것이 당연하다.

그러나 이것은 무척 어려운 질문이며 거기까지 캐고 들면 대답이 막히는 것이 실정이다. 사실인즉 아무것도 알지 못하고 있다. 그러므로 가모프의 책을 보아도 "우주는 빅뱅에 의해 시작되었다"라고만 씌었을 뿐 그전에 대하여서는 아무 언급이 없다.

그러나 필자도 여러분과 마찬가지로, 빅뱅 이전의 일에 대하여 아무 언급도 없이 모르는 척하고 지나쳐 버리는 것은 좀 교활하지 않냐는 마음이 든다. 그러니 빅뱅 이전이라는 데 목표를 집중시켜 생각해 보자. 물론 이런 일은 그 누구도 경험한 일이 없기에 결코 확실한 대답이 될 수는 없다. 그러나 여러 방면으로 생각 중인 결론 중 하나에 다음과 같은 해석이 있다.

"이전"이라고 하는 것은 어떤 한 가지 일(여기서는 빅뱅)보다 "시간상 과거"라는 것을 의미한다. 마땅히 "시간"이라는 개념이 분명하게 규정되어 있지 않아선 안 된다. 우리는 시간이 과거에서부터 미래에 걸쳐 지극히 고르게 흘러가고 있다는 상식을 가졌지만, 빅뱅과 같은 어처구니없는 우주 현상에 대해서도 과연 이런 상식이 통용될 수 있는가? 우리는 시간의 흐름이라는 것을 처음부터 의심할 여지가 없는 것처럼 확신

하고 있는데, 곰곰이 생각해 보면 애매한 점이 꽤 많은 듯하다. 보통으로는 인간의 뇌의 작용, 좀 더 과학적인 말로 표현한다면 뇌 속 분자 상태의 변화가 인간에게 시간의 경과를 의식하게 하는 것이다. 그러나 이런 감각이 그다지 믿을 만한 것이 못 된다는 것은 여러분도 잘 알고 있을 것이다. 하루를 천 년 같은 마음으로 간절히 기다릴 때는 시간은 길게 느껴지며, 시험공부에 정신없이 몰두하고 있을 때는 아차 할 사이에 시간이 흘러가 버린다. 이상은 물리학이 아니고 심리적인 이야기지만, 자연과학에서는 지구의 자전과 태양을 맴도는 공전에 의하여 시간을 정하고 있다. 그러나 그것으로는(아주 근소하게나마) 오차를 낳을 우려가 있다. 그래서 현재는 분자 속 원자의 진동을 기준으로 삼고 있다. 지구의 운동에는 약간의 흔들림이 있는데, 원자시계(실제는 세슘이라는 원자에서 나오는 빛의 진동수를 사용한다) 쪽이 훨씬 정확하다. 현재 우리가 한 달이니, 일 년이니, 백억 년이니 하고 말하고 있는 것은 모두 이렇게 하여 규정한 '시간'에다 바탕을 둔 발상이다.

그런데 빅뱅이 1,000분의 1초니, 100분의 1초니 하고 말하고 있는 것도 따지고 보면 현재의 시간을 척도로 한 측정 방법이다. 이러한 엄청난 우주 현상에 평화로운(?) 현재 시간이 적용될 수 있을까? 시간의 척도로는 달리 방법이 없기에 "현재 시간"으로 표현할 방법이 없는 것이다. 그러나 빅뱅과 같은 비상 상태에서도 이것이 통용될 수 있을지 어떨지는 크게 의문이다. 빅뱅이 있었던 그 순간에는 아마 세슘(cesium, Cs) 원자 따위는 존재하지도 않았을 것이다. 그렇다면 그 당시에 있어서 "시간이란 무엇이냐"라는 것이 큰 문제가 된다. 빅뱅은 순간적이 아니었고 크게 오랜 시간을 소요했으리라고 하는 것도 하나의 사고방식일지 모르며, 빅뱅 이전의 시간 따위는 생각할 수도, 정의할 수도 없다고 하는 사고방식도 있을는지 모른다. 어쨌든 시간이라는 것은 우주 개벽의 시기에 있어서는 어떻게 규정해야 할지 분명하지 못한 점이 많다. 당시의 시간 경과를 본질적으로 문제 삼는 한 '빅뱅의 그 이전은……' 하는 질문은 질문 그 자체가 현재의 상식에만 지나치게 집착하는 것이라고 말할 수 있다.

빅뱅 이전의 "시간"이라는 것은 생각조차 하지도 않았다는 것은 "하나의 학설"이라고 말했다. 그렇다면 그 이외의 학설로는 어떤 것이 있는가?

[답] 시간은 참으로 불가사의한 것으로, 그것의 "물리적인 내용"을 생각하면 생각할수록 이해할 수 없는 늪에 빠져든다. 빅뱅 이전에는 시간이 없었다고 하는 사고방식 외에도 좀 더 알기 쉬운(즉 상식적인) 학설이 있다. 우주의 "윤회설"이라는 것이다. 빅뱅에서는 우주는 작은 덩어리에서부터 폭발했다…… 그보다 과거에는 커다란 우주가 차츰차츰 수축되었고, 과거에는 거대한 공간과 그 속에 숱한 천체를 품고 있었던 것이, 마

침내는 빅뱅 직전의 불덩어리로 되었다(불이라고 하기에는 지나치게 고온 고압이어서 우리의 상식으로는 불이나 수소 폭탄 따위와 견줄 바가 아니지만, 표현상 불이라 일컬을 수밖에 없다)고 하는 것이다. 빅뱅 이전에는 빅뱅과는 역방향으로 우주가 움직이고 있었다. 폭발에 대해서는 그런대로 납득이 간다고 하더라도 반폭발(?)이란 도무지 이해할 수 없다는 것이 보통일 것이다. 확실히 그렇다. 그러나 어쨌든 "시간"에 대하여서는 빅뱅 이전에도 시간이 존재하고 있었다는 것이 된다. 이 점에 대하여서는 적어도 수축(알기 쉬운 수축보다는 오히려 우주의 물체가 굉장한 세력으로 한 점으로 향해 응축해 온다)이라는 편이 감각적으로는 훨씬 이해하기 쉬울 것이다.

세계는 빅뱅으로부터 시작되고 그 이전에는 시간이 존재하지 않았다고 하는 첫 번째의 설과, 수축하여 폭발하여 오랜 시간(수백억 년)을 주기로 이 일을 되풀이한다고 하는 사고방식은 정면으로 대립하는 것이다. 그리고 유감스럽게도 현재로는 그 어느 쪽이 진실인지 헤아리지 못하고 있다. 아인슈타인의 상대성 이론을 끌어오더라도 이와 같은 우주의 기원에 관한 이야기가 될라치면 어떻게도 대답할 수 없는 것이 실정이다. 어쨌든 그것을 보았거나 실험한 사람은 이 세상에 아직껏 없었기 때문이다. 다만 〈질문 2〉에서도 언급하였듯이, 빅뱅 당시의 시간이 현재 시간과 같은 것이었는지 아닌지, 여러 가지 해석 방법이 있다. 우리는 한 가지 주장에만 집착하지 말고 여러 가지 학설이 나와 있다는 것을 융통성 있는 판단력으로 내다보지 않으면 안 된다.

우주는 지금 팽창을 계속하고 있다는데, 이것이 자꾸 계속되어 간다면 마지막에는 어떻게 될 것인가?

[답] 두 가지 대답이 있다. 하나는 주기설(다른 말로 하면 윤회설)이다. 현재의 우주는 허블이 관측했던 것처럼 자꾸만 팽창해 가고 있다. 이것은 사실이라 생각해도 된다. 그 결과는? 팽창할 대로 팽창해 버리면 다음에는 수축으로 옮아 간다는 사고방식이다. 우주 공간에는 여러 모습의 성운(작게 말하면 태양과 같은 천체)과 우주 먼지가 있다. 이런 질량을 가진 물질은 만유인력이라는 힘으로 서로 끌어당기고 있다는 것은 여러분도 잘 알고 있을 것이다. 만유인력 등이 원인이 되어 팽창할 대로 팽창해 버린 우주라고 하는 것은 "이제 크기에 있어서는 이것이 마지막"이라는 상태에 도달하면 그 이후는 수축하기 시작한다. 그리하여 팽창과는 반대 과정을 더듬어나 가 아주 작은 불덩어리가 되어 다시 빅뱅을 일으킨다. 그 사이의 시간은 수백억 년일 것으로 추정된다.

대답 가운데의 또 하나의 설은 '이대로 끝없이 팽창을 계속해 간다……'라는 것이다. 이는 '어디까지도 끝도 없이 팽창해 가서 멈출 줄 모른다'라고 생각하는 학설이다. 늘 전진(?)만이 있을 뿐 되돌아서거나 후퇴하거나 한다는 것은 이상하다는 사상이 이 설의 근저에 깔려 있을지 모른다. 그와 같이 미래는 영원히 팽창해 간다고 하면 과거도 한순간, 즉 빅뱅을 가지고 우주의 창시로 삼는 것으로 생각하지 않으면 안 된다. 영구 팽창설에서는 과거의(상식적으로 생각하면) 어처구니없이 기나긴 시간 대신, 빅뱅만이 있었다. 즉 최초에는 매우 불가사의한 하나의 시간이 있었으며 그것이 이윽고 차츰차츰 정상적인 현재 시간에 도달했다고 생각하는 것이 된다.

우주의 팽창은 반복되는 현상이냐, 아니면 일방적으로만 옮겨 가는 것이냐, 그 어느 쪽에 승리를 돌려야 할지 전혀 알 수가 없다. 다만 그 어느 쪽이냐를 결정하는 수단이 전혀 없는 것은 아니다. 우주 전체를 통하여 평균 밀도가 $5 \times 10^{-24}\text{g/m}^3(5 \times 30^{-30}\text{g/cm}^3)$, 즉 1m^3당 1조분의 1의 그것의 또 1조분의 1그램의 5배 정도(원자핵 속에 있는 양성자나 중성자 3개 정도)인 것이 결정의 한계라는 것이다. 또 한편에서는 $2 \times 10^{-28}\text{g/cm}^3$이 한계라고 하는 주장도 있다[미국의 루이스(G. N. Lewis, 1875~1946)의 설]. "우주 공간은 진공이다"라고 하더라도 양성자 따위가 달려가고 있고(이것이 지구로 쏟아지면 우주선이 된다), 또 띄엄띄엄하게나마 천체가 있기에 밀도는 결코 제로(0)가 아니다. 밀도가 위에서 말한 것보다 크면 우주는 팽창한 끝에 짙은(?) 질량 때문에 수축을 시작하게 된다. 또 위의 값보다 작으면 우주는 계속하여 팽창만 하게 되는 것이라고 결론한다.

그렇다면 현재 망원경이나 그 밖의 수단으로 관측하여 그것을 토대로 계산한 우주 밀도는 과연 어느 정도나 될까? 분명한 결론은 나와 있지 않으나 위에서 말한 값과 같은 정도이다. 참으로 난처하게 되었다. 이래서야 영원 팽창인지 윤회적인 것인지 우리 지구인의 머리는 그저 어리둥절해질 뿐이다. 그러나…… 필자의 감각으로 추측한다면, 아무래도 윤회설을 채택하는 학자가 많을 것으로 생각된다. 윤회라고 말하면 동양의 불교적인 사상을 머릿속에 떠올리게 되겠지만, 굳이 동양적인 사고방식에 영향을 받았다고는 할 수 없을 것이다. 왜냐하면 이와 같은 우주를 대상으로 하는 자연과학은 전적으로 국제적이기 때문이다.

우주의 크기는 유한하다고 말하고 있다. 가령 그 지름을 150억 광년이라고 하면, 그보다 앞, 즉 200억 광년이나 500억 광년 앞 인 곳은 어떻게 되어 있을까? 거기는 우주가 아니라는 말인가?

[답] 이것은 상식적인 사람이라면 누구나 가질 수 있는 의문이다. 우주 의 크기가 유한(일정한 한계가 있다는 것)하냐, 아니면 밑 없는(또는 천정이 없다고 하는 편이 나을지 모른다) 것이냐는 것은 학자에 따라 의견이 다르지 만, 대부분은 우주 유한설을 믿고 있다. 유한하면서도 더구나 폐쇄되어 있다고 생각한다. 닫혀 있다는 것은 이를테면 1차원의 선을 예로 든다면 무한 직선처럼 어디까지나 뻗어 있는 것이 아니라, 원 또는 폐곡선(閉曲 線)처럼 되어 있다는 것이다. 2차원인 면에다 비유하면 구면처럼 무한히 넓은 것이 아니지만, 끝(경계라고 하는 편이 적절할지 모른다)이 없는 상태이 다. 3차원적으로 본 우주 공간(이 경우 제4의 차원인 시간은 생각하지 않는 것 으로 한다)은 구의 표면처럼 끝이 없으나 유한하다는 것이다.

우주는 팽창하고 있지만, 팽창하고 있다고 하더라도 유한은 어디까지나 유한이다. "유한하다면 그 바깥은 도대체 어떻게 되어 있는 거냐?" 하는 것이 질문의 핵심으로 생각된다.

이에 대답한다는 것은 무척 힘든 일이다. 종이나 흑판에 원을 그려 놓고 이것의 안쪽을 우주라고 한다면, 원의 바깥쪽은 어떻게 되어 있느냐는 반론이 나온다.

공(투명한 것이면 더욱 좋다)을 보여 주며 "이 속만이 우주다"라고 대답하면 바깥쪽은 우주가 아니냐, 그렇다면 그 바깥쪽은 무엇이라 부를 것이냐고 역습당하게 될 것이다. 유한 우주를 설명하는 데 원 따위를 그려서는 안 된다. 그것은 질문한 사람을 상식의 세계로 되돌려 놓아 버리게 된다.

우주 공간은 유한하다. 그 지름은(닫힌 공간을 상상한다는 것은 불가능하다. 그러므로 반지름이니 지름이니 하는 말을 피하고 약간 애매한 표현을 썼으면 한다) 백수십억 광년일 것이다. 이 지름의 세제곱 정도의 크기가 대충 우주의 부피(체적)라 생각하면 된다.

이렇게 한정한 범위 이외는 아무것도 생각할 수가 없다. 백수십억 광년의 우주가 있고 그 이외에는 아무것도 없는 것이다. 우리는 언제나 넓은 공간에다 유한한 원이나 구 따위를 생각하고 있기에 걸핏하면 '그 바깥쪽……'이라는 발상이 나오게 되는데, 우주에는 바깥도 안도 없다. 안팎으로 나눈다는 사고방식이 지나치게 상식적인 것이다. 백수십억 광년의 우주 공간이 있고, 그밖에는 아무것도 없는(물론 공간도 없다) 이것이 참모습이다. 그렇다면 무한히 길게 달려갈 수 있는 로켓을 타고 어디까지나 전진한다면 어떻게 되는 것일까? 곧장 달려가고 있는 셈이기는 하지만, 로켓은 결국 한정된 우주 공간을 돌아다니는 데 지나지 않게 된다. 그리하여 얼핏 보기에는 이상한 것 같아도 로켓은 늘 우주 한가운데에 있는 것이다. 구의 표면 위를 걸어 다니는 개미가, 자신은 늘 구면 중앙(바꿔 말하면 자신의 주위에 언제나 곡면이 펼쳐져 있다)의 중심이라고 느끼는 것과 같다. 닫힌 우주 공간이란, 이와 같이 일상의 상식을 넘어서서 생각하지 않으면 안 된다.

우주를 여행하는 워프(warp) 항법이란 무엇인가?

[답] 우주 전함 진달래호는 숙적인 백색 혜성과 결전을 벌이기 위하여 긴급히 적함대에 접근해야 할 필요가 생겼다. 그러나 거기까지의 거리는 수십 광년(가장 빠른 빛의 속도로 달려가도 수십 년이 걸릴 만큼 먼 곳)이나 되기 때문에 진달래호의 순항 속도로는 도저히 시간에 근접할 수가 없다. 그래서 워프라는 수단으로 강력한 에너지를 써서 순식간에 목적하는 장소에 도달하는 것이 워프 항법이다. 워프란 어떤 장소 P로부터 시간과 공간을 뛰어넘어 다른 장소 Q로 이동하는 것이다. 물론 이것은 공상 과학 소설에서의 이야기다. 현실의 자연과학과 혼동해서는 안 된다. 빅뱅도 워프도 비슷하게 비상식적인 현상이기는 하지만 전자가 과학적

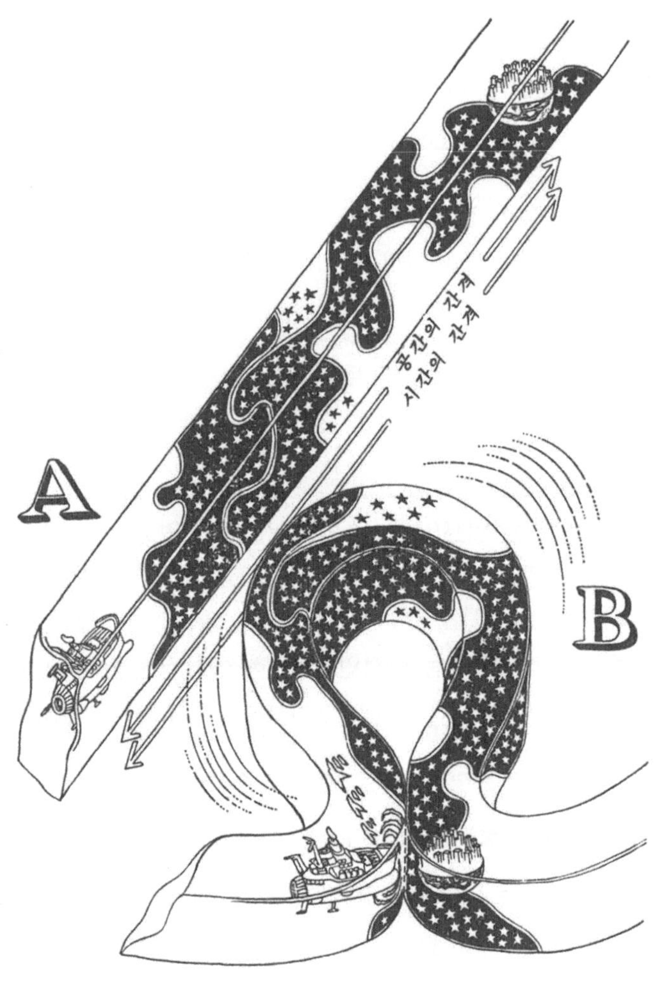

그림 1-1 | 워프 항법

근거를 가진 데 대해(우주 공간에 그 흔적이 있다는 것이 최근에 발견되었다) 후자는(적어도 현재는) 어디까지나 공상으로서의 이야기라는 점을 분명히 알아 두어야 한다.

그 공상의 이야기인 워프를 알기 쉽게 설명하면 〈그림 1-1〉과 같이 된다. 가령 우주 공간을 네모난 기둥처럼 그려 보았다. 그림에서 진달래호와 백색 혜성은 서로 멀리 떨어진 거리에 있다. 진달래호가 전속력으로 달려가더라도 광속 이상의 속도는 낼 수 없으므로 엄청난 시간이 걸리게 된다.

그 시각에 벌어지고 있을 우주 전쟁에 참전한다는 것은 도저히 생각조차 할 수 없다. 과거의 태평양 전쟁에서도 이와 같은 국면이 여러 번 있었다. 미드웨이 해전에서 네 척의 항공 모함을 잃은 당시의 일본 해군은, 전함 야마토를 주력으로 하는 전함들로서 항공 모함 엔터프라이즈호와 호네트호를 추격하여 포격을 가해 침몰시키자는 안(案)이 젊은 참모로부터 상신된 모양인데, 거리상으로 무리(실제는 속도상으로도 불가능)라는 사령관의 판단에 따라 일본 함대는 싸움에 진 채로 되돌아왔다.

그러나 우주 전함 진달래호의 경우는 사정이 다르다. 워프 항법으로 적에게 접근이 가능해졌다. 아래쪽 그림을 보자. 곧은 우주 공간을 휘어서 적에게 접근하거나, 공간이 처음부터 휘어져 있어 지름길을 통해 상대에게 접근하는 것으로 설명한 책도 있다. 다만 후자의 경우에는 "공간 이외의 길"을 빠져나가야만 한다. 이것은 어디까지나 가공된 이야기이기 때문에 이러쿵저러쿵 기를 쓰고 따질 필요는 없다. 다만 이와 같은 만화 세계에서도 휘어진 공간 같은 사고방식이 사용되고 있다는 것은 무척 흥미롭다. 자신의 힘으로 공간을 휘게 하는 것인지, 아니면 공간 이외의 장소를 돌파하는 것인지, 어쨌든 현대 과학의 테두리 밖에서의 이야기이지만 도해적(圖解的)으로는 충분히 독자를 만족시켜 줄 것이다.

워프의 경우 시간의 비약은 어떻게 되어 있는가?

[답] 〈질문 6〉을 읽어 보면 워프란 공간의 비약이라는 인상을 받기 쉽다. 그러나 실제에 있어서는 시간적으로도 비약하고 있다는 것을 잊어서는 안 된다. 우주 전함 진달래호가 십 광년 앞에 있는 별로 워프한다는 것은 진달래호에서 10년이라는 시간이 순간적으로 지나간다는 것을 뜻한다. 즉 위치의 이동뿐 아니라 시간의 흐름이 빠르기도 한 것이다. 영화나 TV를 보고 있다가 위치가 이동하는 것은 잘 알 수 있지만, 시간이 순간적으로 지나간다는 것은 자칫하면 그냥 넘기기 쉽다. 어쩌면 영화 제작자도 거기까지는 미처 의식하지 못하고 있는 것인지 모른다. 워프로 진달래호가 사라지고 갑자기 다른 장소에서 나타나는 것이 이상하다면 승무원들이 나이도 먹지 않고 수만 광년이나 이동한다는 것도 매우 이상한 일일 것이다. 요컨대…… "시간"도 "공간"도 마찬가지인 의식

으로써 생각하여야 한다는 것을 의미한다.

좀 더 쉽게 설명해 보자. 빛이 달에서 지구까지 오는 데는 약 1.3초가 걸린다. 태양에서 오는 빛은 약 8분이 걸리고, 다른 행성들에서는 몇 분에서 많게는 수십 분 정도 걸린다.

태양계 바깥의 별들은 훨씬 더 멀리 있다. 가장 가까운 별인 알파 센타우리에서 오는 빛은 약 4.3년이 걸리고, 밤하늘에서 가장 밝은 별인 시리우스(푸른빛을 띠며 겨울철 남쪽 하늘에서 보인다)에서 오는 빛은 약 8.7년이 걸린다. 은하 중심부에서 오는 빛은 약 3만 년, 우리 은하 바깥의 안드로메다 성운에서는 약 200만 년이 걸린다. 즉, 우리는 지금도 별들의 과거 모습을 보고 있는 셈이다.

우리는 천체망원경이나 다른 관측 장비를 통해 200만 년 전의 안드로메다 은하에 대해 잘 알고 있다. 하지만 현재, 즉 지금 이 순간 안드로메다가 어떤 상태인지는 알 방법이 없다. 지구에서 바라보는 별빛에 '속도'가 있는 것처럼, 우리가 별에 대해 아는 정보에도 '시간적인 깊이'가 존재하는 셈이다.

이런 점에서 보면, 공간과 시간을 병렬적으로 이해하는 것이 타당하지 않을까? 공간은 위, 아래, 좌우, 앞뒤라는 세 방향을 가진 3차원이다. 여기에 '시간'이라는 또 하나의 깊이를 더해 우주의 다양한 현상을 살펴볼 때, 우리는 이를 '4차원의 시공간'이라고 부른다. 다만 4차원이라고 해도 공간 자체가 4차원이라는 뜻은 아니며, 그중 하나는 시간이라는 사실을 분명히 기억해 둘 필요가 있다.

우주 전쟁에서 도망치는 함대가 자신의 주위에 우주 기뢰를 많이 방출하여, 추적하는 적의 함대를 저지하는 장면이 있다. 우주 기뢰의 부설이란 가능한가?

[답] 기뢰는 기계수뢰(機械水雷)의 준말인데, 해면 아래 수 미터, 때로는 얕은 해저에 설치하여 적의 함선이 이것에 닿으면(때로는 접근만 하면) 폭발하는 장치를 말한다.

오래된 이야기지만 1904년의 러일전쟁 때, 여순항(旅順港) 앞바다에서 러시아의 제1 함대와 당시 일본의 도오고 함대가 실랑이를 벌이고 있었다. 동해해전이 있기 전년의 일이었다. 이해 4월 13일 러시아 함대의 기함 페트로파블롭스크호는 일본이 부설해 둔 기뢰에 닿아 불과 1분 30초 만에 침몰해 버렸다. 더구나 명제독으로 이름을 떨치던 마카로프가 전사했다. 그 후 여순함대의 움직임이 적극성을 띠지 못한 것은 이 명장을 잃어버린 것이 원인의 하나였다고 한다. 그러나 이해 5월 15일에 이번에는 일본의 전함 "야시마"와 "하츠세"가 러시아의 기뢰에 접촉하여 침몰했다. 여섯 척의 전함 중 두 척을 잃었으니 큰 타격이 아닐 수 없었다.

또 제2차 대전 말기에는 미국의 B29가 일본의 "세토 내해(內海)" 등에 기뢰를 투하했는데 해저까지 가라앉은 것이 많았던 모양이다. 그래서 그 근방을 함선이 지나가면 자기(磁氣) 등을 감응하여 폭발하곤 했다.

그뿐이라면 간단히 소해가 되기 때문에 그 기뢰에다 세 번째의 배가 통과할 때, 일곱 번째의 배가 통과할 때 하듯이 폭발 시간을 구구하게 조정해 놓았기에, 세토 내해는 완전히 교통마비가 되어 버렸다고 한다. 요컨대 기뢰는 육지전에서의 지뢰와 같은 것이다.

이야기를 우주로 되돌려 보자. 도망치는 우주함대가 기뢰를 살포할 때는 그 살포하는 방법이 문제다. 단순히 거기에다 둔다면 기뢰는 함대와 함께 언제까지나 달린다. 즉 기뢰는 늘 자신의 곁을 떠나지 않으며, 이래서는 부설했다고는 할 수 없다. 관성의 법칙으로 인하여 우주 기뢰를 함 밖에 두어도 "두었다"는 것이 되지 않고 바싹 따라온다. 바다나 지면 따위가 있기에 거기에다 "팽개쳐 두는" 것이 가능해지지만, 중력이 없는 우주 공간에서는 거기에 버려둔다는 발상이 성립되지 않는다. 뒤쪽으로 향해 기뢰를 힘차게 발사했을 때만 기뢰는 차폐의 구실을 할 수 있다. 즉 우주 공간에서는 기뢰를 "쏘는" 것이 되며 그런 의미에서는 포격과 같은 원리가 된다.

쫓는 함대와 쫓기는 함대가 같은 속도로 우주 공간을 곧장 달려가고 있을 때는 둘이 정지해 있을 때와 조금도 다름이 없다. 땅이나 바다가 없기에 "속도"라는 것을 정할 수도 없다. 등속직선운동을 하는 물체 안에서는(우주 공간에서는 물체의 바깥에서도) 모든 물리 현상은 정지해 있는 경우와 같다. 생각하기에 따라서는 지극히 간단한 일인데도 이 법칙이야말로 바로 1905년에 아인슈타인에 의해 제창된 특수 상대론의 기본적인 원리이다.

아이들이 좋아하는 TV 만화 『은하철도 999』를 보고 있노라면 별에서 멀리 떨어진 곳에서도 열차 안의 사람은 지상과 같은 상태로 자리에 앉아 있다. 이런 곳에 와서도 상하라는 것이 있을까?

[답] 항성(이를테면 태양), 행성(지구), 위성(달) 등의 가까이에서는 확실히 중력이 작용하며, 천체가 존재하는 방향이 아래이고 그 반대 방향이 위가 된다. 천체에서 멀어질수록 중력은 약해진다.

하지만 태양에서 훨씬 멀리 떨어진 명왕성이나 천왕성 근처에도 여전히 태양의 만유인력이 미치고 있다. 보통은 천왕성이 태양에 더 가깝지만, 1979년에는 명왕성이 오히려 더 가까웠던 적도 있다. 그래서 태양계의 행성들은 원 궤도나 타원 궤도(특히 명왕성은 타원 궤도가 크다)를 따라 태양 주위를 공전한다. 명왕성은 2006년 8월에 행성 지위에서 퇴출되어 '왜소행성'으로 분류되었다.

하지만 태양계의 범위, 다시 말해 태양의 중력이 미치는 영역은 우주 전체로 보면 아주 작다. 태양계처럼 별들이 모인 집합이 은하계이며, 그 지름은 약 10만 광년이다. 이 범위를 벗어나면 천체로부터의 중력은 거의 무시해도 될 만큼 작아진다.

이런 우주 공간을 가령 열차가 달린다고 하면(물론 이런 곳에 증기 기관차가 달린다는 건 SF적 상상이지 과학적 근거는 없다), 그것은 무중량 지대라는 황야를 돌진하는 것과 같다. 같은 속도로 곧장 나아가기만 한다면 '상하’라는 사고방식 자체가 성립되지 않는다. 열차 안은 무중량 상태가 되어, 사람이나 물건이 공간 속에 둥실둥실 떠 있게 된다. 그대로면 너무 현실적이고 꿈이 없으니, 은하철도는 아이들과 신비적인 여자, 차장 등을 태우고 오직 이상의 별을 향해 달려가는 것이다.

지구 표면에는 동서남북이 있다. 이것을 그대로 우주 공간에다 확장하여 생각하면 남북만은 정의할 수가 있다. 지구와 북극성을 잇는 방향이 북이고, 그 반대 방향으로 지구의 중심과 남십자성을 잇는 방향이 남이라 할 수 있을 것이다. 그러나 서와 동은 규정할 수가 없다.

보통은 천구(天球)를 설정하여 북극성을 하늘의 북극으로, 남십자성 부근을 하늘의 남극으로 하고, 지구 표면과 마찬가지로 북위와 남위를 정한다. 경도(經度)는 춘분 때 태양이 천구의 적도를 가로지르는 점을 경도 영(0)이라 하고(W형 카시오페아 제일 끝의 카시오페아 β가 거의 경도 0이 된다) 천구를 북극에서 보아 시계방향으로 24등분하여 시간과 같은 단위로써 나타내기로 하고 있다. 이를테면 북두칠성은 적위 N50°부터 N63°까지 미치고, 10시 30분부터 14시의 범위에 들어간다. 설명이 늦었지만, 위와 같이 정하는 방법을 적위, 적경이라 부르며, 이 밖에도 태양의 경로를 하늘의 적도로 정하는 황위, 황경이라는 다른 규정 방법도 있다. 이야기만 복잡해질 뿐이므로 여기서는 적위만을 소개하겠다. AO형의 별이라고 하는 큰개자리의 시리우스는 적위 S16° 39분, 적경 6시 43분이고, 오리온자리 β는 적위 S8° 15분, 적경 5시 12분… 등이다.

어쨌든 이와 같이 하여 별의 위치를 표현한다. 그러나 이것만으로는 별의 방향은 알 수 있어도, 별까지의 거리에 대해서는 전혀 언급이 없다. 적위·적경 외에 또 하나 별까지의 거리를 분명하게 표현해야만 비로소 우주 공간 속의 별의 위치가 확정된다.

어쨌든 공간 내 위치를 규정하는 데는 세 가지 수치를 말하지 않으면 안 된다. 이와 같은 성질의 공간을 3차원이라 한다. 공간이 3차원이라고 하는 것은 기정사실인 것처럼 생각하기 쉬우나, 이처럼 분명한 "표현 방법"을 충분히 이해할 필요가 있다. 은하철도는 세로·가로·높이 다 전적으로 대등한 3차원 공간을 달려가고 있는 것이 된다. 열차의 상하 방향은 완전히 무의미한데 거기까지 이치를 캐고 따지면 온통 꿈을 깨뜨려 버릴 것이다.

> 공간은 3차원이라느니 상대론에서는 4차원의 공간을 다룬다느니 하는 말을 하고 있는데 이 "차원"이라는 것을 쉽게 풀이해 주었으면 한다.

[답] 상대성 이론이 일반에게 해설되기 시작하면서부터 확실히 차원(次元)이라는 말이 자주 쓰이게 되었다. 더 쉽게 표현하는 방법이 있으면 좋겠으나 유감스럽게도 이것을 더 알기 쉽게 표현할 단어가 없다. 그것은

차원이란 원래가 학술 용어이며 디멘션(dimension)을 번역한 것이기 때문이다. 체험이니 개념이니 하는 말과 마찬가지로 우리에게는 처음부터 없었던 말이다. 디멘션이라는 말에는 정확하게는 두 가지 의미가 있다. 그 두 가지란 이렇다.

① 1차원이란 선이다. 2차원은 면이다. 3차원은 입체다. 이 같은 식의 용법이다. 좀 더 다듬어진 표현으로는, 어떤 공간 속에 존재하는 한 점의 위치를 표현하는 데에 필요한(수학적 엄밀성을 요구한다면 필요하고도 충분한 것이라고 말해야겠지만) 변수(變數)의 수로써 그 공간의 차원을 나타낸다.

② 일반적으로 물리학의 대상이 되는 갖가지 양, 이를테면 속도, 운동량 또는 에너지 등은 소수의 기본적인 양을 곱했거나 나눈 것으로서 나타난다. 특히 역학(力學)에서는 길이(L), 질량(M), 시간(T)을 조합하여 속도를 $[L/T]$, 운동량을 $[LM/T]$, 에너지를 $[L^2M/T^2]$로 표시하는데, 이처럼 기술된 것을 디멘션이라 한다.

그러나 차원이라 하면 보통 ①을 말하며 ②의 경우는 단순히 원(元)이라 하는 일이 많은 것 같다. 그러므로 앞으로 차원이라고 말하면 ①을 말하는 것이라고 해석하고 ②의 경우는 제외하기로 한다. 우리가 평소 익숙히 말하고 있는 1차원, 2차원, 3차원을 각각 선, 면, 입체라고 생각하기로 한다.

<질문 10>의 차원의 설명 가운데서 "변수의 수……"라는 말이 있었는데 왜 그런 까다로운 표현을 쓰는가?

[답] 확실히 1차원이란 선을 말한다. 2차원, 3차원은 각각 면과 입체다. 또 '영차원(零次元)은 점을 말한다……'라고 말해 버리면 얼핏 알아듣기 쉬울 것이다. 하지만 만약 꼼꼼한 사람이 "그렇다면 선이란 무엇이냐?", "면이란 무엇이냐?"라고 따지고 물으면 매우 난처해진다. 이런 반론이 두려운 거다. 사실은 두렵기는커녕 지극히 당연한 반론일 것이다.

확실히 우리는 선이나 면을 어릴 적부터 잘 알고 있다. 그러나 자연과학이라는 학문은 단순한 경험이나 감각만을 토대로 하여 조립해서는 안 된다. "뻔하게 알고 있는 것"으로서 그칠 것이 아니라 어떤 사항이라도 정확한 말로, 말로 불충분할 때는 수식을 사용하여 표현하여야만 한다. 수학이나 물리학 등에서는 확실히 처음에는 직감만으로도 일이 수습될 수 있으나, 연구를 누적해 가는 동안에 수학은 추상화되고, 물리학 등은 경험에서부터 거리가 아주 멀어져 간다. 그때가 되어서야 "처음에 했던 방법이 서툴렀다"라고 해서는 이미 때가 늦다.

"이것이 선이다"라고 하며 종이에 그린다면 확실히 알기는 쉽다. 그러나 <질문 10>의 ①에서 말한 것과 같은 표현 방법이 훨씬 더 정확하다는 것을 이해할 것이다. 그 선 위의 특정한 한 군데를 원점(근원이 되는 부동점)으로 정하고, 지금 문제로 삼고 있는 점을 원점으로부터 5㎝ 우측, 혹 23㎝ 좌측이라 말하면 그 점이 정확하게 정해진다. 그와 같은 공간(선도 면도 넓은 의미에서는 공간이다)이 선이라고 한다. 면 위의 점이 두 개의 변수로써 정해진다는 것은 우리나라에서 제일 동쪽에 있는 섬인 독도의 위치를 지적하려면 동경 131° 52′, 북위 37° 14′과 같이 두 개의 수치에 의존하지 않을 수 없다고 이해될 것이다. 3차원이라면 여기에 다시 고도 몇 미터인지 말해야 한다.

이처럼, 수학은 그 출발점에서 지나치게 친절하다는 말이 나올 정도로 꼼꼼한 정의(약속)를 해 놓기 때문에 자칫 시시하다는 마음이 들 수도 있다. 삼각형의 두 변의 합은 다른 한 변보다 길다든가, 조합할 수 있는 것의 크기는 서로 같다든가 하는 식의, 아주 사람을 얕보는 듯한 말이지만, 이것을 해 두지 않으면 수학은 출발할 수 없다. 이런 의미에서는 〈질문 10〉의 ①에서 말한 것과 같은 결정 방법도 결코 충분하지는 못하다. 난데없이 공간이라는 말을 쓰고 있는데, 공간이 무엇인지는 전혀 설명이 없다.

자세히 말하자면 선형 공간이니, 위상 공간이니 하는 것의 정의에서부터 시작해야겠지만, 이에 대해 알고 싶은 사람은 전문 서적을 읽어 주기 바란다.

이 화학 사전에 따르면, 귀납법을 사용하여 "공집합을 −1차원으로 하고, 그 경계가 n−1차원인 것과 같은 작은 근처가 있을 때, 이 공간은 n차원이다"라고 풀이하고 있다. 물론 이것은 매우 엄밀하긴 하지만 어디까지나 수학적인 형식론일 뿐이며, 이 정의를 감각적으로 이해하지

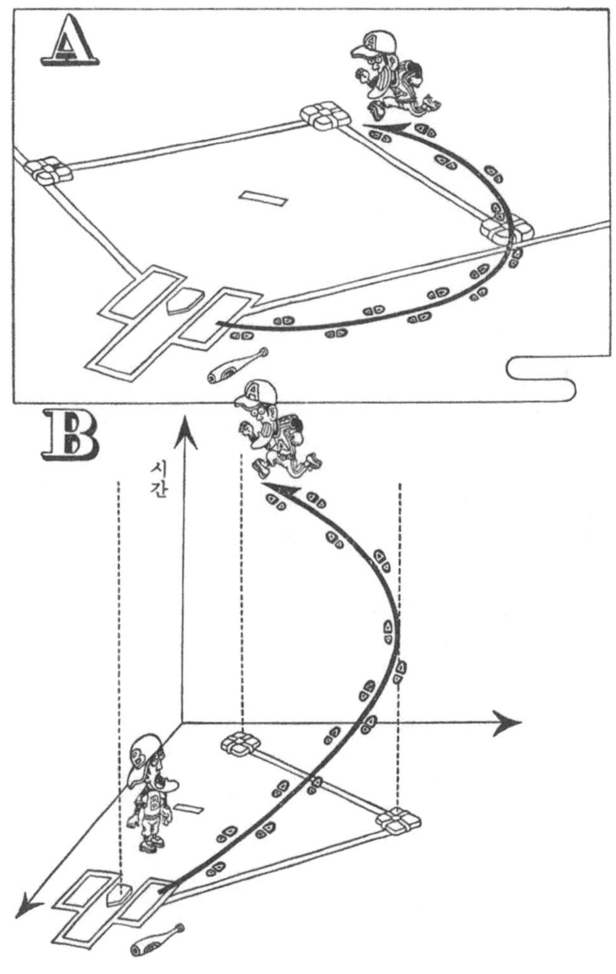

그림 1-2 | 시간축을 설정한다

못한다고 해서 고민할 필요는 없다. 3차원(입체)의 주위가 2차원(면)으로 둘러싸여 있다는 것은 쉽게 상상할 수 있지만, -1차원이라는 개념은 아무리 생각해도 감이 오지 않는다. 그래서 정의 속에서도 이것을 공집합, 즉 '아무것도 없는 것'이라고 말하는 것이다.

> "이 세상은 3차원이 아니다, 4차원이다"라고 발설한 것은 아인 슈타인이 최초인가? 듣기에는 민코프스키라는 사람이 먼저 말했다고 하는데?

[**답**] "이 세상은 4차원이다"라고 잘라 말해도 어떤 사고방식으로 그렇게 표현하고 있는가에 문제가 있다. 공간만을 문제로 삼는다면 세로·가로·높이 외에는 방법이 없으므로 3차원이다. 그러나 이 세상에서 일어나는 사건을 문제로 삼는 한에 있어서는 "어디서"라는 것과 "언제"라는 양쪽이 필요하다. 양자를 분명히 말해 주지 않으면 "사건"이 판명되지 않는다.

흔히 하는 말로 "다른 두 물체는 동일 시각에는 같은 점을 차지할 수 없다" 또는 "한 물체가 같은 시각에 다른 두 곳에 있다는 것은 불가능하다"라는 것은 (당연한 이야기이기는 하지만) 자연계의 대법칙처럼 여겨지고 있다. "사건"(물리학에서는 모두 사건을 다룬다)을 대상으로 하는 한, 3차원의 공간과 1차원의 시간과는 병렬적인 것이 된다. 그러므로 아인슈타인은 시간(t)과 공간(x, y, z)을 동등하게 다루는 수식을 만들었다. 1905년의 일인데 이것이 곧 특수 상대성 이론이다.

그러나 x, y, z 외에 이 셋의 어느 것과도 직각으로 교차하는 시간축(실제는 광속도 c를 곱하여 ct로 한다)을 설정하고, 그때의 공간 속에서 물리현상을 고찰해 나가면 무척 편리하다고 제창한 사람이 러시아계의 독일인인 민코프스키(H. Minkowski, 1864~1909)이다. 사물의 "존재"는 3차원 공간 속에 수용되지만, "사건"(물리학에서는 이를테면 작은 입자와 입자 사이의 상호작용 등) 쪽은 4차원의 시공간 속에서 고찰하는 편이 훨씬 편리하다. 그러므로 〈질문 12〉의 답으로는 4차원의 시공간을 제안한 것은 민코프스키라고 말하는 것이 옳을 것이다. 사실 이 시공간을 가리켜 민코프스키 공간이라고 부르고 있다.

민코프스키는 발트해에 임한 리투아니아(소련의 일부) 근교에서 출생하여 1895년에 쾨니히스베르크 대학(쾨니히스베르크에는 다리가 많은데, 그 다리를 각각 한 번씩만 통과하여 모조리 건너갈 방법이 있느냐는 기하학의 퍼즐이 유명하다. 현재는 칼리닌그라드라 고쳐 불리고 있다) 교수로, 1896년에는 취리히 대학, 1902년에는 괴팅겐 대학에서 교편을 잡았다. 1907년에 상대성 이론이 4차원의 시공간에 의하여 분명히 표현될 수 있다는 것을 제시했으며(당시는 갓 나온 특수 상대성 이론을 이해할 수 있는 사람이 매우 적었다) 그 밖에도 정수론과 기하학과의 조화, 역학과 전자기학의 4차원 정식화(네 개의 변수 x, y, z, t로 식을 쓰는 것) 등에 공헌했다.

상대론 이야기가 나오면 언제나 등장하는 라이트 콘이란 무엇인가?

[답] 민코프스키 시공은 4차원이기 때문에 그런 것을 종이 위에 그려 낼 수는 없다. 그래서 공간 쪽은 2차원으로 참기로 하고 (x, y, z 방향 중 z를 빼고) 세로축에는 시간 ct를 취한다. 세로축은 어디까지나 시간—더 쉽게 말하면 시간의 경과—을 나타내는데, 광속도 c가 걸려 있기에 단위는 길이가 된다. 그러므로 종이에 그릴 때 가로축(공간축)의 1광년을 1㎝로 하면, 세로축의 1년은 1㎝가 되며, 세로축의 100만 광년을 6㎝로 잡으면 세로축의 6㎝는 100만 년이 된다. 또 물리학의 관례로서 세로축의 아래쪽을 과거, 위쪽을 미래로 하게 되어 있다.

그런데 민코프스키 시공간 속의 한 점은 사상(사건, 즉 언제 어디서라는 것)을 나타낸다. 이를테면 그림과 같이 지금 P점에 자신이 서 있다고 하자. 여기서부터 빛이나 전파를 발사한다. 진공 속을 달리는 빛은 물론 c보다는 빠르지도 느리지도 않다. 그 빛이 경과하는 경로의 전체를 (공간축 z 방향이 빠진) 민코프스키 시공간으로 그려 보면 그림과 같이 P를 정점으로 하는 뒤집힌 원추(円錐)의 측면이 된다. 이것을 라이트 콘이라 부른다.

라이트(light)는 빛, 콘(cone)은 원뿔을 뜻한다. 우리말로 옮기면 '빛의 원뿔', 즉 '라이트 콘'이라 할 수 있다. 과거로부터 P점으로 오는 빛

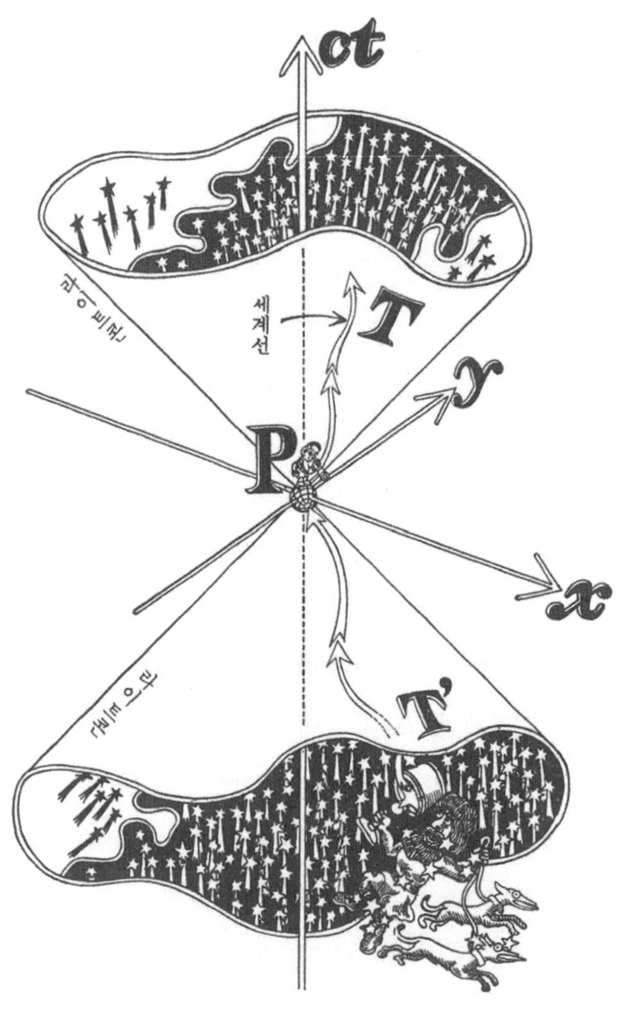

그림 1-3 | 라이트 콘이란 무엇인가

은 P를 꼭짓점으로 하는 아래쪽 원뿔의 표면을 따라 위로 올라오게 된다. 따라서 지금 우리가 보고 있는 별은 그 아래쪽 원뿔 표면의 어딘가에 있다. 만약 우리가 현재 위치에 머무르고 있다면(시간만이 변해 가는 셈이므로) P점으로부터 똑바로 위로 이동해 간다. 만약 우리가 움직인다면 아무래도 빛보다는 느릴 것이므로 원추 내부에다 선을 그리게 될 것이다(이를테면 그림의 T). 이처럼 시공간 속에서 사물이 더듬어 나가는 경로를 세계선이라 한다. 반대로 움직이고 있는 것이 P점에 왔다면 그것은 반드시 아래쪽 원추 내부에다 선을 그려 놓고 왔을 것이다(그림 T′). P점에서의 "과거"라는 것은 아래쪽 원추의 내부뿐이며, 마찬가지로 미래는 위쪽 원추의 속뿐이다. 원추의 바깥쪽과 P점과는 아무 상관이 없다. 이런 까닭으로 민코프스키 시공간에 현시점을 중심으로 하여 위아래에 원추를 설정했을 때 그 내부를 시간적(time-like) 영역, 외부를 공간적(space-like) 영역이라 부르기로 하고 있다. P점에서 일어나는 일의 원인이 되는 것은 과거의 시간적 영역 안에 있는 사건들뿐이다. 또한 P점에서의 시간이 미래에 미치는 결과 역시 위쪽의 시간적 영역 속에만 한정된다. P점과 공간적 영역, 즉 라이트 콘의 바깥쪽에 있는 시공점 사이에는 인과관계가 전혀 없다. 가장 빠른 빛(전파를 포함하더라도)을 이용해도 그 사이에서는 정보를 전달할 수 없기 때문이다. 라이트 콘은 민코프스키 공간에서 비로소 등장하는 개념으로, 유클리드 기하학에는 이에 해당하는 것이 존재하지 않는다. 특수 상대론의 세계에서는 관측자의 입장을 초월하여 라이트 콘이 불변으로 유지된다.

미래를 가리키는 라이트 콘은 늘 똑바로 위로 열리는 원추가 되는가?

[답] 보통의 우주 공간에서는 질문한 그대로 똑바로 위가 열린, 바꿔 말하면 측면이 어느 방향에 대해서도 45도의 각도가 되는 원추가 된다. 그러나 우주 공간에서는 우리의 상식을 벗어나는 것과 같은 일들이 있다.

빛은 진공 속에서 매초 30만㎞의 속도로 직진한다. 발광원이 달리거나, 또는 관측자가 빛의 진행 방향이거나 그 반대로 달리더라도, 빛의 속도를 측정하면 늘 일정한 값이 된다. 이것이 빛의(또 전자기파 일반을 포함하여) 불가사의한 점이다. 아니 불가사의하다기보다는 시간과 공간으로 성립된 우주는 "빛을 일정한 속도로 진행시키는 것"이라고 생각하여야만 한다. "최초에 시간과 공간이 있고, 그 속을 빛이 달려간다", 이러한 우리의 상식으로 보면 분명 낯설고 이해하기 어려울지 모르지만, 그 상식 자체를 버리지 않고서는 이 이론을 받아들일 수 없다.

광속도가 일정한 한, 라이트 콘은 민코프스키 시공간에서 똑바로 위로 열린 원추가 되지만, 이 빛도 중력을 이겨 낼 수는 없다. 이를테면 어떤 물체라도 지구 상공을 수평으로 달릴 때는 지구의 중력 때문에 아래쪽으로 가속된다(알기 쉽게 말하면 아래로 휘어진다).

돌이나 대포알은 결국 지상으로 떨어진다. 초속 8㎞로 도는 인공위성은 중력에 의해 끌리지만, 지구와의 균형으로 인해 떨어져도 지평선

그림 1-4 | 중력으로 일그러지는 라이트 콘

너머에 머물며 결과적으로 계속 지구 주위를 돈다. 초속 11.2㎞ 이상이면 지구의 인력을 뿌리치고 멀리 달아나 버린다. 빛은 초속 30만㎞이므로 인공위성에 비할 바가 아니다. 지구의 중력쯤은 거의 무시하고 직진한다. 지구의 중력이 빛에 미치는 영향은 매우 미세해서 도저히 실험으로는 측정할 수가 없다.

그런데 태양처럼 큰 질량의 천체가 되면 이제는 빛이라 한들 자유행동이 용서되지 않는다. 아인슈타인의 일반 상대론에서는 빛이 중력에 의하여 휘어진다는 것을 예측했었으며, 실제로 1919년에 영국의 천문학자 에딩턴(A. Eddington, 1882~1944)은 개기 일식을 이용하여 이것을 확인했다.

태양보다 훨씬 더 질량이 큰 천체가 있다면 어떻게 되는가를 알기 쉽게 그림으로 나타내 보았다. 그림의 오른쪽 끝에 무거운(정확하게 말하면 질량이 큰) 천체가 있다고 생각하자. 멀리 떨어진 왼쪽에서는 라이트 콘이 거의 위로 열려 있다. 하지만 그 무거운 천체에 접근함에 따라 빛은 천체 쪽으로 끌어당겨진다. 바꿔 말하면 라이트 콘의 열린 입이 큰 중력 쪽을 향해 기울어지게 된다. 그리고 천체의 질량이 너무 클 때는 라이트 콘은 벌써 세로축보다 좌측으로는 열려 있지 않게 된다. 이것은 빛은 무거운 천체의 중심으로 향하여 달리지만, 바깥쪽을 향해서는 달리지 않는다는 것을 말한다. 빛이 나가지 않을 정도니까 다른 물질이 바깥쪽으로 튀어나오는 일은 절대로 없다. 이 기묘한 물체의 중심으로부터 빛이 바깥쪽으로 나올 수 없는 곳까지의 길이를 슈바르츠실트(K.

Schwarzschild, 1873~1916)의 반경이라 하며, 이 기묘한 물체야말로 그 유명한 블랙홀(black hole)이다.

블랙홀(검은 구멍)만 한 것이 아니더라도 밀도가 큰 천체(이를테면 중성자별) 부근에서는 라이트 콘의 대칭성이 깨지는데, 그 측면이 마침내 시간축(세로축)에 평행하게 된 것이 블랙홀이라고 생각하면 될 것이다.

우주의 지평선이니 사상의 지평선이니 하는 말을 들었는데 무엇을 말하는 것인가?

[답] 같은 지평선이라도 우주의 경우와 사상(여러 가지 사물과 현상)의 경우와는 약간 의미하는 바가 다르다. 블랙홀을 중심으로 하여 슈바르츠실트의 반지름 속은 캄캄하다. 그 속에서는 어떤 것도 외부로 나오지 못하는, 즉 반지름 속은 우리에게는 전혀 미지의 세계다. 보통 말하는 지평선은 그것의 저편이 아무것도 보이지 않는다는 의미이며, 블랙홀의 구면(정확하게 구면을 이루고 있는지 어떤지는 모르지만)과 아주 흡사하다. 그 저편에서의 사건, 사항을 모른다는 의미에서 블랙홀의 면을 사상의 지평선이라 부른다.

이것에 대해 우주의 지평선은 다음과 같은 것을 말한다. 우주는 팽창하고 있다. 관측자(여기서는 지구)로부터 멀리 떨어진 성운일수록 빠르게 후퇴하고 있다. 100억 광년 남짓하게 멀리 떨어져 있는 별은 거의 광속도와 같은 정도로 달려가고 있다(현재 관측된 별 중 가장 빠른 것은 수십억 광년 떨어져 있고, 일부 연구에서는 약 80억 광년 거리라고 한다). 광원이 아무리 빠르게 멀어져 가더라도 거기서부터 오는 빛의 속도는 여전히 초속 30만㎞이다. 그러나 광속은 변함이 없으나 파장은 달라진다.

발광체가 멀어져 가면서 빛을 쏴 오면 파장은 늘어나게 된다. 푸른 빛이 빨갛게 보이는 것이다[이것을 도플러 효과(Doppler's effect)라고 하는 것은 잘 알고 있을 것이다]. 더욱 발광체가 빠르게 멀어져 가면 적색 광선은 적외선으로, 마이크로웨이브로, 전파로와 같이 자꾸 파장이 길어지고 광속도로 멀어져 가면 거기서 나오는 빛의 파장은 무한히 길어진다. 파장 무한대의 전자기파는 결국 전자기파를 수신할 수 없는, 즉 오는 에너지가 제로임을 의미한다. 이런 상태에서는 우리는 거기서부터 아무 정보도 얻지 못한다. 바꿔 말하면 백수십억 광년보다 먼 곳의 일은 무엇 하나 알 수 없다. 이처럼 멀디먼 저편의 선을 가리켜 마치 지평선으로부터 저쪽 일을 전혀 알 수 없다는 데 비유하여 우주의 지평선이라 일컫는다.

우주에 땅이 있을 리 없으므로 지평선이라 부르기에는 이상하다는 것도 확실히 이치에 닿는 말이지만, 그렇다고 수평선이라고 하기는 더욱 모호하며, 우주선(字苗線)이라는 이름은 다른 내용(우주로부터 쏟아지는 소립자)에도 이미 쓰이고 있으므로 우주의 지평선이라 일컫는 것이 무난하리라 본다.

백수십억 광년이라는 먼 곳에 우주의 지평선이 있다고 하는데,
그렇다면 그 지평선 저편에는 어떻게 되어 있는가?

[답] 이것은 무척 대답하기 힘든 질문이다. 어떤 의미에서는 자연과학을 벗어난 철학적(?)인 문제일는지 모른다. 자연과학이란 실제로 관측 또는 측정할 수 있는 자연계의 현상을 연구하는 학문이다. 실험 결과를 정확하게 정리, 정돈하고 또는 이론적으로 예측한 것이 관측 사실과 합치하고 있는지 어떤지를 확인하여 그 이론의 옳고 그릇됨을 정해야 하는 것이다. 요컨대 자연과학은 실험 사실이 금과옥조이다.

우주의 지평선보다 저편은 아무리 곤두박질하더라도 알 수가 없다. 즉 우주에 대한 우리의 인식 범위는 지평선까지임이 하나의 사고방식이다. "어디까지나 관측에 충실하게"라는 입장을 일관한다면 우주는 지평선까지이며 그보다 먼 곳은 전혀 의미가 없게 된다. 그러나 이런 사고방식은 지나치게 단순하다는 지적도 있다. 왜 그렇게 단순한지를 쉽게 설명하자면, 지구 위에서 사물을 바라보는 인간에게는 지구를 중심으로 한 백수십억 광년 안쪽이 곧 우주이지만, 지구보다 훨씬 멀리 떨어진 곳에서 관측하는 인간에게는 또 다른 우주가 존재하게 되지 않겠느냐는 뜻이다. 이러한 논의는 실제로는 훨씬 더 심오한 사상과 내용을 포함하고 있다. 어쨌든 자연계가 인간의 인식이 있음으로써 비로소 존재하는 것인지, 아니면 천체의 하나에 불과한 지구 위의 한낱 생물과는 무관하

게 엄연히 존재하는 것인지 하는 문제는, 결국 철학자의 지혜에 맡겨야 할 어려운 논의일지도 모른다.

블랙홀 속에서는 아무것도 나올 수 없듯, 우주의 지평선 너머로부터도 어떤 정보도 얻을 수 없다. 그렇다면 "그곳에는 아무것도 없다"라고 단순히 말해 버려도 될까? 그렇지는 않다. 블랙홀은 극도로 강력한 중력장을 가진 존재로 여겨지고, 우주 전체에 대해서는 여러 가지 모형이 제안되어 있다. 블랙홀에 대해서는 다른 항목에서 다루기로 하고, 여기서는 우주 모형에 대해 이야기하자. 가장 대표적인 우주 모형은 끝이 없으면서도 닫혀 있는 우주로, 이를 2차원으로 바꿔 생각하면 구의 표면과 같은 형태다.

지구 위에서 우리가 지평선이나 수평선을 볼 수 있는 것은, 지구 표면이 구형이고 빛이 직진하기 때문에 생기는 현상이다. 그런데 우주를 구의 표면에 비유하면, 빛은 그 구면을 따라 움직이게 된다. 왜냐하면 빛은 구면의 바깥으로 벗어날 수 없기 때문이다. 그리고 빛이 '직진한다'는 것은, 구면 위에서는 큰 원(大圓)을 따라 이동한다는 뜻이다.

이런 이유로, 우리가 일상적으로 말하는 지평선이나 수평선과 우주의 지평선은 완전히 구별해서 생각해야 한다. 우주의 지평선은 단순히 어떤 것이 가려져서 보이지 않는 것이 아니다. 우주가 팽창하면서 천체에서 오는 빛의 파장이 점점 늘어나 눈에 보이지 않게 되는 것이다. 그것이 바로 '우주의 지평선'이다.

우주를 구면에 비유하는 사고방식은 이해하기 쉽지만, '끝이 없으면서 닫힌 면'이라면 구면 말고도 다른 형태가 있을 수 있지 않을까?

[답] 그렇다. 그것이 실제로 우주 공간의 모형이 될 수 있을지는 별개의 문제지만, 여러 가지 닫힌 곡면을 생각해 볼 수 있다. 먼저 도넛 모양의 표면을 떠올려 보자. 이것과 구(좀 더 일반적으로는 구멍이 없는 입체)의 표면은 어떻게 다를까?

결론부터 말하자면, 둘 다 경계가 없는 유한한 2차원이지만 '위상(位相)'이 다르다고 한다. 겉보기에도 차이가 분명하지만, 좀 더 구체적으로 설명하자면 이렇다. 구면 위에 그린 닫힌 곡선(예를 들어 원)은 점차 줄여 가면 결국 한 점으로까지 축소된다. 그러나 도넛 표면 위에 그린 원은 반드시 그렇게 되는 것은 아니다. 도넛 표면에는, 줄여 나가더라도 구멍 때문에 더 이상 작아질 수 없는 두 종류의 원이 있다. 하나는 가운데 구멍을 감싸는 폐곡선 T이고, 다른 하나는 도넛의 '팔' 부분을 감싸는 폐곡선 S다.

물론 T형 곡선을 여러 개 그릴 수 있지만, 이들은 모두 같은 패턴으로 간주된다. 왜냐하면 곡선을 면 위에서 연속적으로—즉, 선이 끊기거나 점프하지 않게—이동시키는 한, 그것들은 같은 형태로 연결되어 있기 때문이다.

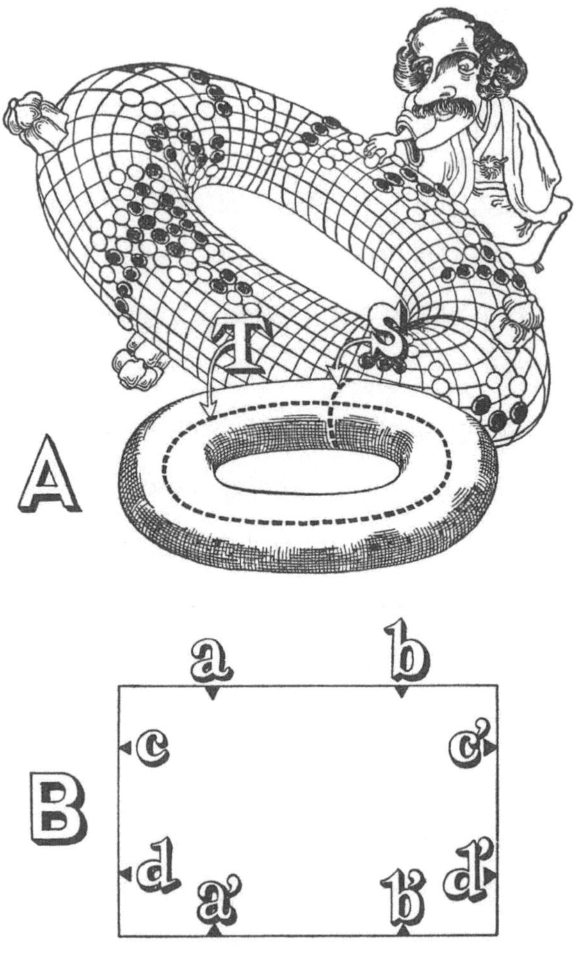

그림 1-5 | 토러스를 만들다

S형 곡선에 대해서도 마찬가지로 여러 개를 그릴 수 있지만, 이들 역시 모두 같은 패턴으로 볼 수 있다. 즉, 도넛 표면은 기하학적으로 표현하면—이와 같은 기하학을 위상수학(topology)이라 부른다—"축소하더라도 한 점으로까지 줄일 수 없는 원이 두 종류 존재하는, 끝이 없고 닫힌 유한한 면"이라고 할 수 있다. 물론 '도넛 면'이라고 불러도 전혀 상관없지만, 도넛이 없는 나라나 '도넛'이라는 말을 쓰지 않는 지역도 있을 테니, 학문적으로는 이를 토러스(torus)라고 한다.

우주 공간이 이런 모양으로 닫혀 있는지 어떤지는 아무도 모른다. 여기서는 우주 같은 어려운 것을 생각하지 말고 일종의 수학(토폴로지)이라고 생각해 주기 바란다. 토폴로지에서는 얇고 자유로이 늘어났다 오므라드는 고무 막으로 여러 가지 형태를 만든다. 여기서도 고무로 만들어진 직사각형으로부터 토러스를 만들 수가 있다. 그 윗변과 아랫변을 합쳐 원통으로 만든다. 그림의 B에서 a와 a′, b와 b′을 일치시키는 것이다. 이리하여 만들어진 원통을 둥그렇게 말아서 양 끝을 그대로 붙인다. 그림으로 말하면 c와 c′, d와 d′을 각각 일치시킨다. 이런 방법으로 직사각형으로부터 경계를 제거한 것이 토러스가 된다.

디랙(P. A. M. Dirac, 1902~1984)은 양자역학과 양전자 이론으로 유명한 영국의 물리학자다. 그는 바둑에 큰 흥미를 느껴 즐겨 두었는데, 일정한 규칙대로 두는 바둑은 금세 흥미를 잃었다. 그래서 색다르게 즐겨 보겠다고 생각한 그는 바둑판을 '토러스(도넛 모양)' 형태로 바꿨다. 즉, 바둑판의 좌우와 위아래가 서로 연결되어 있는 형태다.

보통의 바둑에서는 왼쪽 상단 모서리(1의 一)의 백돌을 잡으려면, 그 옆의 두 점(2의 一과 1의 二)에 흑돌을 두면 된다. 하지만 디랙식 토러스 바둑에서는 판의 경계가 연결되어 있기에, 그 돌을 잡으려면 오른쪽 상단 구석(19의 一)과 왼쪽 하단 구석(1의 十九)에 흑돌을 놓아야 한다. 이때 오른쪽 하단 구석(19의 十九)은 왼쪽 상단 구석(1의 一)의 대각선 방향에 있지만, 그건 여기서 중요한 문제가 아니다. 요컨대 "구석"의 영향을 전혀 생각하지 않는 바둑이다. 그러므로 선수인 흑은 제1의 돌을 어디에 두건 전혀 승패에는 관계가 없으므로 천원(바둑판의 한가운데 점)에라도 두는 것이 자연스러울 것이다. 이 별난 게임으로 디랙이 얼마만큼이나 이겼는지는 모른다. 어쨌든 유한 2차원 면으로 디랙은 오른쪽 끝=왼쪽 끝(마찬가지로 위쪽 끝=아래쪽 끝)이라는 것을 시도해 보았던 셈이다.

우주 공간은 구의 표면과 같은 것이라고 말했다. 그렇다면 가령 지구에서 출발한 로켓이나 빛이 아주 긴 세월 동안 곧장 진행한다면 그것은 출발점에 반대편으로부터 돌아오는 것이 되는가?

[답] 아인슈타인은 1916년에 일반 상대성 이론을 제창했다. 이것은 어려운 수식으로 쓰였으며, 식을 제시하지 않고 그 내용을 말로만 설명하라 해도 매우 곤란(사실 거의 불가능)하다. 그러나 불가능하다고 해서는 이

야기가 진전될 수 없으므로 여러 가지 비유를 인용해 가면서 조금씩 이해해 보기로 하자.

이를테면 뉴턴의 운동 방정식을 이해하더라도 이것으로 물체의 운동을 모두 알았다고는 할 수 없다. 지구 위에서 물체를 떨어뜨렸을 경우, 1초 동안에 약 5m, 2초 동안에는 약 20m를 떨어진다. 그러나 위의 수치는 어디까지나 "초속도(初速度)를 제로"로 했을 때의 이야기다. 가령 초속도가 매초 10이라면 1초 동안에 15m, 2초 동안에 30m가 된다. 운동 방정식 이외에 초속도를 따로 정해 주지 않으면 현실적인 해답은 얻을 수 없다.

아인슈타인의 경우에는 이야기가 훨씬 더 복잡하지만, 수식만으로 우주의 전모가 결정되는 것은 아니다. 식 이외에 여러 가지 요인이 필요하다. 요인이라고 한들 우주라고 하는 헤아릴 수 없는 거대한 상대이기 때문에 그것의 결정적인 수단이란 없으며 차라리(요인이라기보다는) 가정이라고 하는 편이 옳을 것이다. 그리고 채용하는 가정의 결정방법에 따라 우주의 형태가 달라진다.

아인슈타인은 처음에 매우 단순한 조건을 설정하여, 그 결과 우주를 구의 표면과 같은 구조로 생각했다. 이 우주 모델에 따르면, 질문에서 말한 것처럼 지구에서 어느 방향으로든 곧바로 나아간 빛이나 물체는—중간에 빛이 다른 물질에 흡수되거나, 로켓이 다른 천체에 충돌하지 않는다면—반대편에서 돌아오게 된다.

또한 구면 위의 한 지점에 있는 사람은 구면의 모든 부분을 볼 수 있

그림 1-6 | 아인슈타인의 모형과 더 시터르의 모형

다. 그 이유는, 어떤 점에서 출발한 빛은 구면 위의 대원(가장 짧은 경로)을 따라 이동하기 때문이다. 예를 들어 북극점에 관측자가 서 있다면, 남극점에서 나온 빛은 지구의 경선을 따라 북쪽으로 이동하여, 북극점에 있는 관측자에게 모든 방향에서 도달한다는 것도 쉽게 이해할 수 있다.

왜 공간이 휘어져 있을까? 이는 우주에 많은 천체가 존재하기 때문이다. 이들 질량이 조금씩 조금씩 공간을 휘게 한다. 세로로 시간축을 취한 그래프를 그려 보면 아인슈타인의 우주 모형은 원통형이 된다. 그림에서 A점으로부터 나온 빛은 한 바퀴를 돌아서 B점에서 본래의 위치(시간은 경과하고 있으나 공간적으로는 본래의 위치)로 돌아오게 된다.

그러나 네덜란드의 빌럼 더 시터르(Willem de Sitter, 1872~1934)는 1917년에 다른 가정으로부터 우주 모형을 제안했다. 세로축을 시간으로 취했을 때, 우주 공간은 그림과 같이 회전 쌍곡면이 되었다. 측면이 쌍곡선으로 되어 있는 이 형식에서는 이를테면 P점에서 나온 빛은 저쪽 편까지 가는 일이 없다. 반대로 저쪽 편에서 나온 빛은 영구히 이쪽에는 도달하지 않는다. 그러므로 더 시터르 식의 사고방식에 따르면 "반대쪽으로부터 귀환"한다는 것은 있을 수 없다. 다만 더 시터르의 모델은 "우주 공간에는 질량이 존재하지 않는다"라는 가정에서 나온 것이다. 우주는 닫혀 있지만, 보이지 않는 부분이 있다는 것은 흥미진진한 이야기이나 유감스럽게도 비현실적이다.

위에서 말한 아인슈타인 또는 더 시터르의 모형은 1917년경의 것이며, 현재는 이와 같은 간단한 사고방식은 받아들여지고 있지 않다. 이것들은 우주 팽창이 발견되기 이전의 것이다. 따라서 우주의 지평선이라는 개념도 포함되어 있지 않다. 우주의 팽창이 확인되고 있는 현재에는 "반대쪽에서 되돌아온다"라는 사항을 이와 같은 단순한 모형으로 이해한다는 것은 일단 단념하는 것이 좋을 것이다.

2장

세계는 휘어진다

휘어진 데가 없는 4차원의 이론이 특수 상대론이라고 말한다. 그런데 실제는 공간이 휘어져 있다고 하지 않는가. 그렇다면 특수 상대론은 비현실적인 이야기란 말인가?

[답] 특수 상대론은 1905년, 아인슈타인이 이십 대 중반 무렵에 발표한 획기적인 물리법칙이다. 지금의 우리나라 기준으로 말하면, 대학 학부를 졸업하고 3~4년쯤 지난 시기, 만약 대학에 그대로 남았다면 박사 과정을 수학하고 있을 무렵에 해당한다. 그러나 당시 그는 스위스 베른의 특허국에서 박봉으로 근무하면서 틈틈이 이 논문을 완성했다고 한다. 그 내용을 요약하면, 등속 직선 운동을 하는 두 관성계 사이에는 불가사의한 관계가 성립한다—서로의 길이는 짧아지고, 시간의 흐름은 느려져 보인다—는 것이다. 이로부터 10여 년이 지난 1916년, 그는 이미 베를린대학교 교수이자 카이저 빌헬름 연구소의 소장을 겸임하고 있었다. 일반상대론은 속도가 변하는 경우(이것을 '가속'이라 한다)까지 내용을 확장하여, 가속의 근원이 되는 '힘'이란 무엇인가를 근본적으로 탐구했다. 속도의 크기가 바뀌는 경우뿐 아니라, 속도의 방향이 변할 때도 가속이라 한다. 빛은 중력장 안에서 휘어진다. 즉, 빛도 가속되는 경우가 있는 셈이다.

그런데 이상의 내용을 4차원의 시공간으로 말하면 특수 상대론은 확실히 직선인 민코프스키 공간을 다루는 게 된다. 정지계로부터 빠르게 달리는 계를 관측하면 상대방은 직교좌표가 아니고 사교좌표가 되는 일은 있으나, 비스듬한 x축이나 ct축에서도 직선인 것에는 변함이 없다. 특수 상대론에서는 늘 빛이 가속되는 일이 없기 때문에 이와 같은 결과가 된다.

그런데 일반 상대론에서는 시공간이 휘어진다. 빛이 중력 때문에 휘어지는 결과로 4차원의 시공간도 휘어지지 않을 수 없다. 우주 공간을 구면으로 바꿔 놓고 생각한다는 것도 결국은 공간이 휘어져 있다는 것을 전제로 하기 때문이다.

그렇다면 "특수 상대론은 비현실적인 것인가?"라는 의문이 자연스럽게 떠오를 것이다. 이 질문에 한마디로 대답하자면, "자연계의 역학은 상대론적인 것이다. 그렇다면 뉴턴역학은 비현실적인 것이냐?"라는 물음에 대한 답과 같다고 할 수 있다. 일상생활에서 다루는 역학 문제에 굳이 상대론을 끌어들이지 않아도 뉴턴역학만으로 충분하다는 것은 이미 잘 알려져 있다. 이와 마찬가지로, 우주선 속의 입자나 사이클로트론(cyclotron)으로 가속된 소립자 등은 광속에 비해 결코 느리다고 할 수 없다. 따라서 상대론적 효과를 고려해야 하지만, 특수 상대론으로도 충분하다.

빠르게 달리기는 하지만 빛이 휘어질 만큼 강력한 중력장이나, 빛이 휘어질 만큼 맹렬하게 가속된 실험실 따위는 아직은 도저히 생각조차 할 수가 없다. 이런 까닭으로 소립자 이론을 조립해 나갈 경우에도 현재로서는 특수 상대론만으로 충분하다. 쉽게 말해서 뉴턴역학이 비현실적

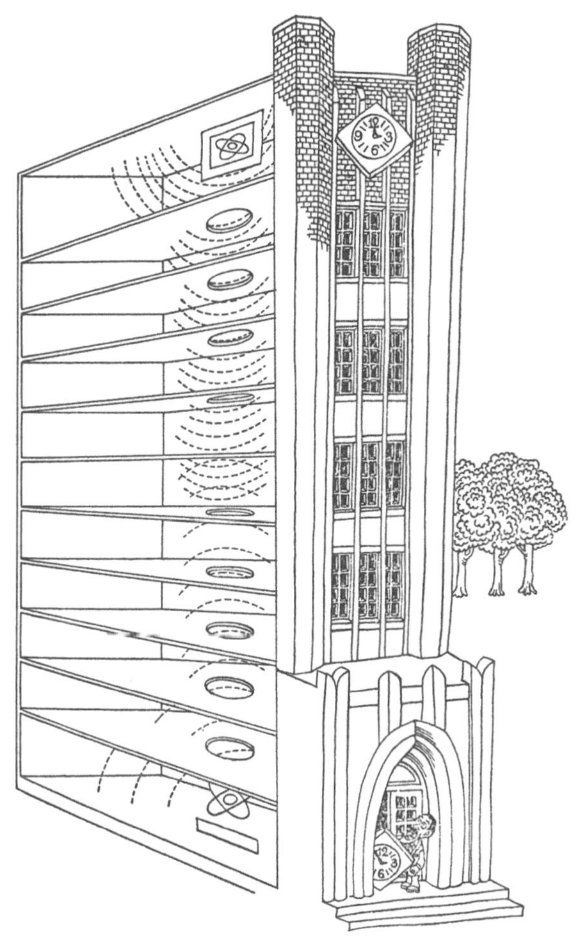

그림 2-1 | 중력에 의한 시계의 지연 실험

이 아닌 것과 마찬가지로 특수 상대론도 비현실적은 아니다. 그러나 우주와 같은 거대한 공간을 문제로 삼을 때만은 일반 상대론이 고려의 대상이 된다.

그런데 일반 상대론이 옳은지 어떤지를 조사하는 실마리의 하나로서 아주 정밀한 시계[이를테면 감마(γ) 선의 진동수]를 사용하여 높이가 20m쯤 차이가 나는 곳에서 "시간의 진행 상태의 차이"가 실험되었다. 높이가 다르면 중력의 값 g도 다르다. 그것을 뫼스바우어(R. L. Mössbauer, 1929~2011) 효과라는 특수한 방법으로 조사하여 아무래도 일반 상대론이 옳은 것 같다는 결론을 얻었다. 그러나 이것은 어디까지나 일반 상대론 자체를 검증하는 실험이지 현재의 물리학에서는 아직도 특수 상대론만으로도 충분하다는 것에 유의해야 할 것이다.

질문 20

질량을 가진 천체들의 사이에는 만유인력이 작용하고 있을 것이다. 그렇다면 우주 공간의 천체는 서로가 모여들어 그 결과 우주는 수축하는 것 같은 생각이 든다. 그런데도 우주가 팽창하고 있다고 하는 이유는 무엇인가?

[답] 독자들을 납득시키기 위하여 최초에 빅뱅이 있었으며, 그 여세를 몰아 팽창을 계속한다고 대답하는 것이 가장 좋을 것이다. 그러나 아인

슈타인의 일반 상대론은 허블 우주 팽창의 발견(1929년) 이전의 일이다. 만유인력이 존재하는데도 불구하고 별이 모여들지 않는다. 이 사실을 아인슈타인은 어떤 형태로 그의 수식 속에 집어넣었을까? 미리 일러 두지만, 일반 상대론은 우주의 구조를 생각하기 이전에 제안된 것이다. 거꾸로 말하면 우주의 구조는 일반 상대론 및 그 밖의 요인을 바탕으로 하여 조립되어 왔다.

결론부터 말하면 아인슈타인은 우주의 상태를 나타내는 식 가운데에 우주항(宇宙項)이라는 것을 도입했다. 이것은 천체 사이의 척력을 의미한다. 만유인력과 우주항에 의한 힘이 균형이 되어서 우주는 아무 일도 없는 상태(정적 상태)가 유지되고 있다고 한 셈이다.

그런데 곰곰이 생각해 보면, 이 정적 상태는 매우 불안정하다. 만유인력이 우주상수보다 조금이라도 강하면 천체들은 서로 끌어당겨 가까워지고, 그 결과 인력은 더욱 커진다. 반대로 우주상수가 조금이라도 더 크면 성운들은 서로 멀어지며, 인력은 점점 약해진다. 우주가 정적인 상태에 있다는 것은 이런 의미에서 불안정한 것이다. 역학적인 비유로 말하자면, 산꼭대기에 구슬을 올려 둔 것과 같고, 혹은 원뿔의 뾰족한 끝을 아래로 하여 세워 둔 것처럼 몹시 위태로운 상태에 놓여 있다는 뜻이다.

1920년대에 이러한 모순이 차츰 밝혀지게 되었고, 1927년에 벨기에의 르메트르(G. Lemaître 1894~1966)는 우주 팽창설을 제창했으며 다시 러시아의 프리드만이라는 기상학자가 여러 가지 합리적인 가정을 설정하여 우주 방정식을 풀이하여 우주의 모형을 제안했다. 정적인 우주는 부자연하며 그도 르메트르와 마찬가지로 우주는 팽창하고 있다고 생각했다. 그리고 이 설이 있은 수년 후에는 허블에 의해 우주의 팽창이 인정되었던 것이다.

프리드만 모형은 현재도 가장 신뢰받는 우주 모형 중 하나이다. 이 모형을 적용하면 방정식에 우주상수를 반드시 포함할 필요가 없다. 아인슈타인 자신도 프리드만의 논문이 발표된 뒤, 우주상수를 제거했다. 하지만 르메트르는 여전히 우주상수의 필요성을 주장했다.

어쨌든 정지해 있는 우주는 불안정하며, 현재 우주가 팽창하고 있다는 사실에는 변함이 없다. 다만 이 팽창이 영구히 계속될 것인가, 아니면 극한에 도달한 뒤 수축을 시작할 것인가는 또 다른 문제다. 어느 모형에서나, 우주의 평균 밀도가 어떤 한계 값을 넘으면 우주는 수축하기 시작하고, 그 결과 수백억 년을 주기로 팽창과 수축을 반복하게 된다. 즉, 우주는 일종의 주기운동을 하는 셈이다.

태양의 인력권 안에 있는 지구가 정지해 있다는 것은 매우 부자연스러운 일이다. 지구는 주기적으로 태양 주위를 공전함으로써 비로소 역학적인 안정성을 유지할 수 있다. 이것을 우주의 안정성과 직접 연결 지을 수는 없지만, 어쨌든 움직이고 있는 편이 더 자연스럽다는 사실—다시 말해, 정지 상태는 본질적으로 불안정하다는 점—을 이해하기 바란다.

공간의 휨과 시간의 휨의 차이는 무엇인가?

[답] 우주에서 사상(사건)을 표현할 때는 장소(3차원의 공간)와 시간(1차원)을 지정하여야 한다. 양자를 통틀어서 4차원의 시공간이라 부른다. 특수 상대론에서는 직선의 시공간만을 다루었으나 일반 상대론에 이르러 아인슈타인은 휘어진 공간을 생각하게 되었다.

1916년에 우주의 운동을 기술하는 방정식이 제안되었는데 그 식의 해(식을 푼 답)로서 아인슈타인은 처음에 공간만이 휘어져 있는 우주를 생각했던 것 같다. 위에서도 말했으나 그림으로는 원통이 된다. 원통의 축을 따라가는 방향(세로 방향)이 시간이 된다(정확하게는 광속도 c를 곱하여 ct축으로 한다). 원통의 측면을 휘어진 방향으로 더듬어 갔을 때 이것이 공간을 나타낸다. 그러므로 원통의 측면으로 우주를 나타냈을 때, 공간적으로는 일차원밖에 그리지 않은 것이다. 공간은 보통 x, y, z로 기술하지만 여기서는 y 방향과 z 방향은 그릴 수가 없다. 측면의 한쪽은 이것은 휘어져 있다. 한쪽은 ct(이것은 직선)이다. 이것이 공간만이 휜 우주상이다. 시간만은 우주의 어느 부분에서도 같은 속도(?)로 지나가지만, 공간 쪽은 휘어 있다고 하는 셈이다.

그러나 이 사고방식은 금방 지적되었다. 바로 편파적이라는 지적이었다. 상대론의 본래의 방침이 "시간과 공간을 동등하게 다룬다"에 있

1931년 말. 두 번째 미국 방문을 위해 바다를 건너는 아인슈타인(곁은 부인). 이 여행 중 아인슈타인은 자유로이 해상을 날아가는 갈매기를 동경했다고 일기에 적었다. 1933년에 망명을 발표.

다. 시간축도 당연히 휘어져 있어야 한다. 4차원(x, y, z, ct)의 모든 방향이 휘어 있는 것이 진정한 우주상이라 생각한다. 이것을 시공의 휨이라 일컫고 있다.

다만 4차원 시공간이 시간축 쪽을 향해 닫혀 있는지 어떤지는 현재로는 알지 못하고 있다. 사실은 그렇게 말하기보다는 여러 가지 설이 있다는 편이 정직할 것이다.

시간축이 닫혀 있다는 것은, 아마도 수백억 년의 주기를 거쳐 우주가 지금과 완전히 같은 상태로 되돌아온다는 뜻일 것이다. 그러나 실제로 그렇게 되는지는 풀기 어려운 문제다.

하지만 블랙홀 근처에서는 공간도 시간도 극도로 휘어 있다는 점은 분명하다. 시간이 휘어진다는 것이 어떤 의미인지는 좀처럼 짐작하기 어렵다. 다만 지구에서의 시간의 흐름과 블랙홀 주변의 강력한 중력장에서의 시간의 흐름이 엄청나게 다르다는 사실만은 확실하다.

지금까지 면을 가리켜 때로는 2차원이라 하고 또 때로는 2차원의 세계라 불러왔다. "세계"라는 말을 붙였을 때와 그렇지 않을 때, 서로 그 의미에 차이가 있는가?

[답] 일반적으로 말하면 2차원의 세계의 "세계"는 단순히 말(2차원)을 분명히 하기 위해 붙인 것일 뿐 달리 특별한 의미는 없다. 특히 수학(기하학)에서는 세계라는 말을 어미에 붙이는 습관이 없다. 1차원, 3차원, 4차원 등에 대해서도 마찬가지다.

그러나 물리적인 사고(思考)에서 바꿔 말하면 자연계를 생각하는 문제다. 차원을 파악하자면 세계라는 말이 붙는 것과 붙지 않는 것에서는 "생각하는 자세"가 다르다고 말해도 되지 않을까. 물론 일반으로서 이와 같은 규정이 있는 것은 아니지만 말이다.

가장 간단한 1차원에서부터 시작하자. 종이에 선을 긋는다. 이 선은 직선이든 휘어 있든 1차원이다. 종이라는 면(2차원)에 그려진 1차원이다. 당연히 1차원(선)을 포함하고 있는 2차원(면)이 의식 속에 있다. 공중에 걸쳐 있는 전선이나 높이 떠 있는 연줄은 3차원 속의 1차원이다. 이러한 선이나 실을 단순히 1차원이라 부르기로 하자.

이에 대해서 "선"밖에 없는, 즉 이것을 수용하는 면이나 3차원 공간은 전혀 존재하지 않는다는 SF적인 대상을 1차원의 세계라 하면 어떨까? 1차원의 세계의 생물에게는 가로 방향의 퍼짐은 전혀 생각할 수가 없다.

'2차원'과 '2차원의 세계'라는 표현도 같은 의미로 쓰기로 하자. 우리 주변의 '면'은 모두 2차원이다. 그러나 2차원의 세계를 상상하는 것은, 우리가 4차원을 상상할 수 없는 것과 마찬가지로 어렵다. 왜냐하면 우리는 언제나 3차원 속에 살고 있으며, 면에서 벗어나면 그 바깥에 공간이 있다는 사실을 경험적으로 알고 있기 때문이다.

그 공간은 고체나 액체처럼 물질로 채워져 있을 수도 있다. 이렇게 '미경험의 공간', 즉 4차원을 상상하는 것이 불가능한 것처럼, 너무나 익숙한 3차원 공간에서 그 일부만을 떼어 낸 '2차원의 세계'를 떠올리는 일도 쉽지 않다.

다만 3차원의 경우, 그것은 곧 '3차원의 세계'이다. 우리의 세계가 세로·가로·높이, 이 세 방향으로 이루어져 있다는 것은 누구나 잘 알고 있다.

가령 우리가 1차원의 세계에 살고 있다면 어떤 야릇한 현상을 볼 수 있을까?

[답] 〈질문 22〉에서와 같이 1차원과 1차원의 세계를 구별해 생각해 보자. 먼저 종이에 그려진 1차원, 즉 '선'에는 직선과 곡선이 있다. 이 둘이 다르다는 것은 누구나 한눈에 알 수 있다. 게다가 곡선의 형태도 포물선, 물결 모양, 나선형 등 무수히 많다. 그러나 1차원의 세계에서는 이들이 서로 다른 성질을 가졌다는 것을 판단할 수 없다. 왜냐하면 그 선이 그려져 있는 '종이' 같은 것은 그 세계에는 존재하지 않기 때문이다. 종이라는 2차원 공간이 있기 때문에 '휘어 있다'는 개념이 성립하는 것이지, '선'만 존재하는 세계에서는 '휨'이나 '직선'이라는 개념 자체가 있을 수 없다.

역학을 알고 있는 사람은 다음과 같이 대답할는지 모른다. 1차원의 세계에서 물체를 달리게 했을 때 아무 저항도 없이 등속도로 달리는 것이 직선이며, 선과 직각인 방향으로 저항하며 달리면 그 1차원의 세계는 곡선이라고. 그러나 이것은 1차원과 1차원의 세계를 혼동한 것이다. 확실히 마루에 홈을 파고 거기에 구슬을 달리게 할 때, 만약 마찰이 없다면 아까처럼 휘어진 곳에서는 구슬은 커브의 바깥쪽에 힘을 미친다. 이것을 원심력이라 부르고 있다. 그러나 원심력이란 2차원의 세계가 존재하므로 생기는 힘이며, 1차원밖에 없다면 원심력은 발생할 여지가 없

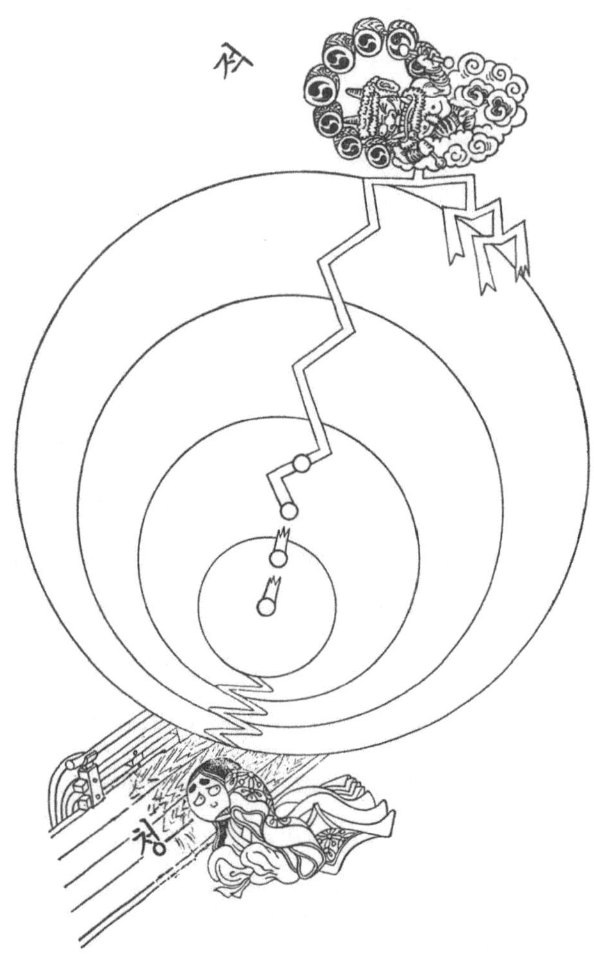

그림 2-2 | 도플러의 효과

다. 선 그 자체가 전 세계이기 때문이다. 그러므로 빛도 선을 따라서 달려간다. 중간에 가리는 것이 없다면 빛은 선 이외의 장소에 가려고 해도 갈 수가 없기 때문이다. 따라서 "1차원의 세계에서는 직선이라면 보이지만, 휘어져 있으면 보이지 않는다"라고 하는 상식적인 감각은 통용되지 않는다. 항상 좌측 혹은 우측에 있는 물체만이 보이는 것이 된다. 1차원의 세계에서는, 설령 크기를 가진 물체가 있다 하더라도 멀리 있으면 작게, 가까이 있으면 크게 보이는 일은 없다. 2차원이나 3차원의 세계에서는 한 점에서 나온 빛이 사방으로 퍼져 나가기 때문에, 반대로 그것을 보는 입장에서는 멀리 있는 것이 작게 보인다. 그러나 1차원의 세계에서는 '멀기 때문에 작게 보인다'는 일이 일어날 수 없다. 애초에 1차원 속에는 점밖에 존재하지 않으므로, 이런 논의 자체가 무의미하다고 할 수 있다.

멀고 가깝고는 거기까지 가 보지 않으면 모른다. 만약 "시간"이 정면으로 존재한다면 소리나 빛(또는 전파)을 달리게 하여 그것이 반사되어 오는 시간으로부터 거리를 산출하는 것도 생각할 수 있다. 다만 1차원의 세계 속에 공기가 존재하거나 전파가 달려갈 수 있다는 가정의 이야기다. 어쨌든 비현실적인 SF적인 공상이므로 적당한 가정이라도 설정하지 않는 한 이야기가 진행되지 않는다.

또 물체가 움직이고 있을 때, 그것이 소리를 내거나 빛을 발한다면 도플러 효과를 통해 그 속도를 알 수 있다. 다가오는 물체의 소리는 높아지고, 빛이라면 파장이 짧아져 청색 쪽으로 치우친다. 반대로 멀어질 때는 소리가 낮아지고, 빛은 적색 쪽으로 치우친다. 다만 소리가 낮아지거나 빛이 적색 쪽으로 이동하더라도, 소리나 빛의 세기 자체는 변하지 않는다(물론 1차원의 '선'에는 파동이 존재할 수 없지만, 여기서는 하나의 비유로 말한 것이다).

이와 같이 1차원의 세계란 아주 기묘한 것이지만, 그것이 선분적인 것인지, 무한 직선인지 또는 끝이 없는 것인지로 구별할 수는 있다. 선분적인 1차원의 세계에서 그 끝이 어떻게 되어 있는가(또는 어떻게 보이는가)는 SF 작가에게 맡겨 두는 수밖에 없다. 반직선(半直線)의 경우는 어떻게 되어 있는가? 어쨌든 우로부터 오는 빛과 좌로부터 오는 빛에서는 무언가 차이가 있을 것이다. 끝이 없는 고리 모양의 세계에서는 자신 이외에 다른 한 점이 있으면 그 점으로부터 나온 빛은 다른 경로를 밟아 좌우의 눈으로 동시에 볼 수가 있다.

2차원의 세계에 살고 있으면 1차원의 경우와 마찬가지로 "그 2차원의 세계"가 휘어져 있는지, 혹은 곧은 평면인지 구별이 안 되지 않나?

[답] 아니다. 1차원의 세계와 근본적으로 다른 점은, 2차원의 세계에 사는 존재(이 존재는 당연히 납작할 것이다)가 자기 세계가 평면인지, 아니

면 곡면인지를 판단할 수 있다는 데 있다. 물론 2차원은 실제로는 3차원 공간 속에 존재하며, 3차원이 없으면 2차원만으로는 아무것도 할 수 없다고 생각할 수도 있다. 그러나 사실은 그렇지 않다. 바로 이 점이 1차원의 세계와 2차원의 세계의 본질적인 차이이다.

중요한 일은 2차원 속에는 1차원(선)이 포함되어 있다. 바꿔 말하면 면에 여러 가지 선을 그을 수 있다는 것이다. 확실히 선이 없는 면만이라면 그 면이 직선인지 비뚤어진 모양을 하고 있는지 짐작이 가지 않는다. 그러나 고맙게도 2차원보다 하나 차원이 낮은 1차원이라는 것이 2차원의 세계에 존재할 수가 있다. 그런데 면이 곧냐 아니면 어떻게 휘어져 있느냐는 어떤 방법으로 판단하면 될까?

면 위에 두 개의 선 A와 B를 그었다고 하자. A의 한 점으로부터 B에 수직선(상대방의 선에 대해 수직으로 그은 선분)을 긋는다. 다시 A에서 방금 전의 점 바로 이웃(수학적으로 말하면 무한히 가까운 점)에서부터 마찬가지로 B에 수직선을 긋는다. 이렇게 그어진 두 개의 수직선의 길이는 같다고 생각해도 될 것이다. 어쨌든 무한히 가까운 곳에서 두 개의 선을 그었으니까 말이다. 이리하여 A, B 두 선 사이에 수직선을 많이 그어 주기로 한다. A, B 두 선에 걸쳐지는 수직선은 점점 처음의 수직선으로부터 떨어진 장소로 옮겨 간다.

그런데 이 수직선을 끝까지 그었을 때 그 길이가 언제나 일정하다면, 선 A와 선 B는 평행이라고 한다. "평행"이라는 말이 다소 빙빙 돌아 정의된 것처럼 들리지만, 여기서는 이런 까다로운 정의가 필요하다. 이

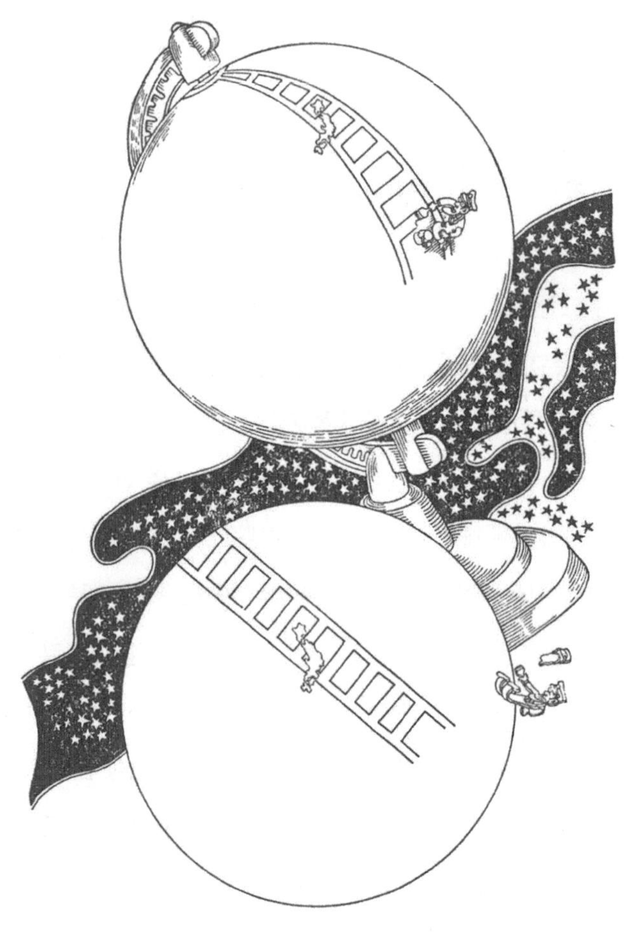

그림 2-3 | 지구가 평면이 아니라는 증거

렇게 해서 어느 방향으로 선 A와 선 B를 그어도 항상 평행이 된다면, 그 면은 곧은 면, 즉 평면이다.

반대로, 평행이라고 생각하고 선 A와 선 B를 그었는데 그 간격이 점점 달라진다면, 그것은 선 A나 선 B에 원인이 있는 것이 아니라 그 선들이 그려져 있는 바탕, 즉 면이 휘어 있기 때문이다. 그 면은 평면이 아니라 곡면이다.

일반적인 이야기만으로는 알기 힘들 것이다. 지구와 같은 구면을 생각하면 잘 이해할 수 있다. 이를테면 동경 126도의 선과 129도인 선에 주목했을 때, 두 동경 선을 잇는 선의 길이(평행선의 간격)는 일정하지 않다. 적도 부근에서 길고 양극 부근에서는 짧게 되어 있다. 이런 사태가 된 것은 선을 그리고 있는 토대의 지구 표면이 평면이 아니기 때문이다. 알다시피 지구 표면은 구면이다.

이상과 같은 판단은 3차원이라는 것이 전혀 존재하지 않아도 판정할 수 있다. 3차원 공간 속의 구면을 생각하면 그것이 휘어져 있다는 것은 얼핏 보기만 해도 금방 알 수 있는데, 3차원의 도움을 빌지 않더라도 "직선"이냐 "곡면"이냐를 판정할 수 있다는 것이 이 항목의 본질이다.

1차원의 세계에는 영차원(審次元, 점을 말함)이 포함되어 있는데, 점만으로는 1차원의 성질을 구분할 방법이 되지 못한다. 그러므로 1차원, 2차원으로 진행함에 따라서 그저 차원의 수가 많아지는 것만이 아니라 그 성질도 근본적으로 달라진다는 것을 명심해 두어야 한다.

다음은 3차원이다. 먼저 이것은 가장 기본적인 사항이라고 생각되는데 우리가 사는 공간은 왜 3차원일까?

[답] 이 질문은 솔직히 말해 '가장 대답하기 어렵다'기보다는, "무엇으로 대답해야 할지를 판단하기 어려운 문제"라고 하는 편이 더 정확하다. 1, 2, 3, 4……처럼 자연수를 늘어놓았을 때, 왜 1도 2도 4도 아닌 그 중간의 3이어야만 하는가 하고, 수학적으로(좀 더 엄밀히 말하면 정수론적으로) 묻는다면 이에 대한 대답은 할 수 없다.

공간이 3차원이어야 한다는 명제는 이미 그리스 시대부터 제기되고 있었으며, 이는 아리스토텔레스(Aristoteles, BC 384~322) 비롯하여 많은 학자들을 괴롭혔다. 결국 3차원이 무엇인지 설명하기는 했지만 "왜" 3차원이 아니면 안 되는가에 대해서는 아무 대답도 얻을 수가 없었다. 우리 주위에 존재하는 물체는 모두 3차원(입체)이다. 이를테면 종잇장처럼 얇은 것도 정밀하게 검토하면 두께를 가지고 있다. 이와 같은 입체를 받아들이는 공간이라고 하는 "그릇"은 3차원이 아니면 안 된다는 결론이다. 선험적인 공리와 같은 형태로 이 문제는 19세기까지 넘겨지게 되었다.

2차원이라면 모든 '것'이 납작하지 않겠는가? 무엇을 먹더라도 인간은 살이 찌지 않고 폭만 넓어질 뿐이다. 이런 우스꽝스러운 이야기가 현실에서는 일어날 수 없다는 점이 가장 소박한 답이다. 그러나 '살찐 사람'이 아니라 '폭이 넓은 사람'이라도 될 수 있지 않느냐고 따지면, 반론하기가 쉽지 않다. 세상이 모두 2차원이라면, 그것도 나름대로 나쁘지 않다는 논리도 성립할 것 같다.

그러나 19세기에 들어와서 전자기학이 발달하게 되자 물리학자들은 "공간이 3차원이 아니라면 자연현상이 무의미하게 된다"라고 생각하게 되었다. 전기와 자기가 서로 관계하여 발전기와 모터 같은 것이 만들어졌으나, 이것은 공간이 3차원이기 때문에 그렇다. 물리를 아는 분은 플레밍(A. Fleming, 1881~1955)의 오른손 또는 왼손 법칙을 상기하기를 바란다. 엄지, 검지, 중지는 공간적으로 세 방향을 향하고 있다. 그리하여 자력선의 움직임이 전류를 발생시키고 있는 것은 어김없는 사실이다.

물론 3차원 공간설을 뒷받침하는 근거는 이것만 있는 것이 아니다. 더 알기 쉬운 예로, 물체의 밝기는 광원으로부터의 거리 제곱에 반비례한다는 사실이 있다(빛 역시 전자기파의 일종이다). 만약 공간이 2차원이라면 밝기는 거리의 단순한 반비례에 따라 달라지고, 밤하늘은 별빛으로 가득 차게 될 것이다. 따라서 우주 구조 자체에 대한 사고방식의 근본적인 개혁이 필요하다.

그러나 앞서 든 예들은 '공간은 3차원이다'라는 사실을 뒷받침할 수는 있어도, '왜 공간이 3차원이 아니면 안 되는가'라는 문제를 해명해 준다고는 보기 어렵다. 실제로 그것이 과연 해명 가능한 문제인지 여부는 필자 자신도 다소 의문을 갖고 있지만, 차원의 문제는 보다 깊이 탐구되어 연구되고 있다는 사실만은 분명하다.

차원 문제는 깊이 탐구되고 있다는데, 무엇을 실마리로 하여 연구되고 있는가? 개요를 알기 쉽게 말해 달라.

[답] 공간만을 상대로 하는 한, 차원의 문제는 막혀 버리고 만다. 또 하나 "시간"이라는 것을 생각해 주어야 한다. 우리가 실험실에서 물리를 연구한다는 것은 어느 시각에(좀 더 과장해서 말하면 어느 순간에) 수집된 정보를 정리하여 그 속에서부터 자연의 이치에 들어맞는 법칙을 발견하는 일이다.

여기서 조금 극단적인 경우를 생각해 보자. 눈앞에 있는 것과 매우 멀리 있는 별을 조사 대상으로 삼는다고 하자. 별을 연구한다는 것은, 별로부터 연구실까지 빛이나 전파가 도달해야 가능하다. 빛(전파도 포함)은 1초 동안 지구를 일곱 바퀴 반이나 돌지만, 먼 별에서는 수년, 수십 년, 혹은 훨씬 더 긴 시간이 걸린다. 따라서 실험실에서는 현재(가까운 것)와 과거(먼 별)를 동시에 연구하게 된다. 여러 별을 동시에 조사한다는 것은, 시간적으로 조금 옛날, 상당히 옛날, 훨씬 더 먼 옛날의 것들을 한꺼번에 연구하는 것과 같다.

여기서 다시 입체에 대해 생각해 보자. 3차원적인 물질이나 공간에서는 연구자에게 가까운 곳, 조금 떨어진 곳, 훨씬 더 멀리 있는 지점이 존재한다. 이것이 3차원의 숙명(?)이라고 할 수 있다. 이와 마찬가지로, 많은 별을 관찰할 때는 시간적인 깊이가 생긴다. 마치 입체에서 거리에 따른 깊이가 있는 것처럼.

그렇다면 시간도 공간과 마찬가지로 다루면 어떨까? 세로, 가로, 높이 외에 또 하나의 방향으로서 시간이라는 차원을 물리적 사고에 도입하는 것이다. 수식 상에서는 이렇게 차원을 하나 더 늘려 이를 4차원의 시공간이라 부른다. 일반적으로 말하는 4차원의 세계란 바로 이 시공간을 가리키는 다른 이름이다.

4차원의 세계는 천체 연구에만 국한되지 않는다. 연구실 안에서 매우 작은 입자(대개 분자보다 훨씬 작은 소립자)의 행동을 조사할 때도 필요하다. 예를 들어, A점에서 자기장이 발생했을 때(전자석을 사용하면 자기장이 나타났다가 사라지기도 한다) B점에 그 영향, 즉 자기장이 미치는 데에는 아주 작은 시간이 걸린다. 이를 '시간의 지연'이라고 하는데, 정밀한 실험이나 이론에서는 이 근소한 시간을 무시해서는 안 된다. 이처럼 실험실 안의 연구에서도 시간이라는 요소를 반드시 고려해야 한다. 다시 말하면, 대상을 4차원의 세계로 다루어야 한다는 것이다. 그런데 앞서와 같은 의미에서 시공간을 4차원으로 정의했으므로, 이제는 '공간이 왜 3차원인가'라는 문제 대신, '시공간이 왜 4차원이 아니면 안 되는가'라는 의문이 생기게 된다.

소립자 물리학이나 천체 물리학에서는 이 공간이 4차원이 아니라면 여러 가지 모순이 일어난다는 것을 알고 있는데 그것들을 이해하기 위해 서는 어려운 수학을 습득하여야 한다.

물리학의 법칙은 4차원의 시공간을 기반으로 하여 기술되는 것인데, 수식을 사용하지 않고 그 개요를 이해할 수 있을 만한 예는 없을까?

[답] 상대론은 넓은 우주의 문제만을 대상으로 하는 것이 아니다. 반대로 작은 세계, 즉 물질의 최소 단위인 소립자의 연구에도 사용된다. 광대한 우주와 극미 입자의 행동이 상대론이라고 하는 기본 법칙으로 이어져 있다는 것은 대단히 흥미로운 일이다. 영국의 이론 물리학자 디랙은 전자의 상태를 수학적인 방정식으로 쓰기 위해서는 상대론적인 사고방식을 반드시 사용해야 한다는 것을 알아챘다. 그리하여 1928년에는 특수 상대론의 생각을 담은 "상대론적 양자역학"이라는 것을 제창했다.

자세한 내용은 생략하고, 그 결과만을 가능한 한 쉬운 말로 하면, 전자를 다룰 때는 x, y, z라는 위치를 나타내는 수치 외에 "또 하나의 네 번째 수치"가 필요하다는 것이다. 예를 들어 전자를 구슬과 같다고 생각하면, 그 구슬은 위치뿐만 아니라 어떤 "추가적인 성질"을 결정해 주지 않으면 설명이 불충분하다는 뜻이다. 결론을 말하면 둥근 전자는 자전하고 있어서 그것이 우회전이냐 좌회전이냐를 분명히 하여야 한다는 것이다. 전자가 자전함으로써 전자는 각운동량을 가지며 다시 막대자석으로서의 성질도 갖게 된다. 이와 같이 자전 때문에 생기는 성질을 가리켜 스핀(spin)이라 한다. 역학에서 말하는 단순한 질점과는 달리 스핀이라는 특징을 지닌다는 것은, 곧 전자가 4차원적인 성격을 띠고 있다는 증명이 된다.

실제의 양자역학은 더욱 복잡한 것이지만 어쨌든 스핀이라는 성질은 네 번째 차원에 해당한다고 보아도 관계없다. 4차원이라는 사고방식이 눈에 보이지 않을 만한(그렇기는커녕 현미경을 써서도 볼 수 없는) 소립자의 성격을 규정하고 있다는 것은 지극히 흥미롭고도 중대한 일이다. 디랙은 이 이론으로부터 다시 양전자의 존재를 예측했으며 이것은 1932년에 미국의 원자 물리학자 앤더슨(C. D. Anderson, 1905~1991)에 의해 우주선 속에 실존한다는 것이 확인되었다.

그러나 디랙의 방정식에서는 세 개의 공간 좌표(x, y, z)와 네 번째 시간 좌표(t)를 서로 다른 방식으로 다루고 있다. 이것은 불공평하다. t만을 특별 취급하는 것은 이상하다고 판단하여, 일본의 도모나가(朝永振一郎, 1906~1976)와 미국의 슈윙거(J. S. Schwinger, 1918~1994)는 x와 t가 방정식 속에서 동일한 역할을 하도록 개선해 나갔다. 한마디로 말하면 A 입자와 B 입자로는 위치가 다르다는 것과 꼭 같이 그 시각도 다르다고 생각하는 것이다. 이런 연구가 초다시간이론으로 발전하였다. 초다시간 이론(Super many time theory)이나 그것을 기초로 하여 발전한 재규격화 이론(renormalization theory)은 "4차원"이란 생각 없이는 전혀 성립되지 못한다.

중요한 점은 이것이다. 4차원의 시공간이라는 사고방식은 우주의 문제일 뿐만 아니라 극미의 현상을 연구하는 소립자론에서도 없어서는 안 될 기본적인 개념이다.

네 번째의 차원인 "시간"도 "공간"과 마찬가지로 다루어진다고 하였다. 그러나 상식적으로 생각하면 이것은 상당히 기묘한 일이 아닐까?

[답] 확실히 상식론으로 되돌아가면 시간과 공간은 전혀 별개다. 가장 큰 차이는 공간은 우에서 좌로 또 그 반대로 또는 동서남북, 어디든 우리의 의지에 따라 이동할 수 있다. 이에 반하여 시간은 어제로 되돌아가길 원해도 절대로 불가능하다. "옛날을 오늘로 되돌려 놓을 방법도 없다"라는 애석한 말도 근본을 따지면 시간의 비가역성(한쪽으로부터 다른 쪽으로는 이동하지만, 그 반대는 불가능한 일)에 근거를 두고 있다.

상대성 원리는 시간과 공간을 동일시하는 데서 시작되는 것이 아닌가? 이래서는 얘기가 달라진다고 말할 수도 있다. 그러나 잠깐! 상대론은 시공을 동일하게 논하는 이론이라는 데는 틀림없으나, 물리적 법칙과 우리가 일상적으로 생각하며 또 경험하는 상식과는 상당히 엇갈리고 있다는 것을 인정하지 않을 수 없다.

이를테면 매우 작은 세계(미시 세계)는 보통 크기의 것(거시 세계)과는 근본적으로 다르다. 예를 들면 빛은 파동인 동시에 "입자"이기도 하다. 이런 일을 연구하는 것이 양자론이다. 일단 여기서는 양자론에 대해서는 깊이 언급할 여유가 없다.

상대론도 마찬가지지만 광대한 우주를 생각하거나(일반 상대론) 빛의 속도에 가까운 속도로 움직이는 입자를 연구(특수 상대론)하는 데에 그 특징이 있다. 상식 정도의 일은 상대론을—바꿔 말하면 특별히 4차원의 시공간을 끌어낼 필요가 없다. 보통 현상에서는 3차원의 공간과 1차원의 시간을 분리하여 생각해도 충분하다.

상식적으로 보면 시간과 공간은 별개처럼 보이지만, 물리학, 특히 극단적인 경우를 다룰 때는 시간과 공간이 완전히 동등하다고 단정할 수 없는 점이 있어 어려움이 있다.

확실히 상대론은 시간축과 공간축으로부터 4차원의 민코프스키 시공간을 설정했다. 그리하여 이 4차원 속에서 물리현상을 기술하면 만사 모순이 없고 더구나 종래의 이론보다 더 실험값을 정확하게 설명하는 이론이 완성된다. 구체적인 예를 들면 원자에서 나오는 빛의 스펙트럼이라든가, 전자가 빛을 방출하거나 빛을 흡수하는 메커니즘은 4차원 시공간을 생각함으로써 비로소 상세한 측정 결과를 설명할 수 있다. 이상과 같은 연구는 〈질문 27〉에서 말한 바와 같이 일본의 도모나가에 힘입은 바 크다.

그러나 이 이론에서도 시간은 역시 공간과 다르다. 공간은 좌우가 전적으로 대칭(동등하고 편파적이 아닌 것)이지만, 시간 쪽은 과거와 미래가 있다.

"시간의 방향은 과연 일방적인가"라는 문제는 여러 방면으로 탐구되는 중요한 주제이며, 아직껏 해결되지 못하고 있다.

4차원의 시공간에서 시간만은 특별 취급을 한다고 하는데 그 이유는 무엇인가?

[답] 〈질문 13〉에서 라이트 콘을 그려 보았다. 실제로는 4차원의 민코프스키 공간 속에 그려져야 하지만, 4차원을 그림으로 나타낼 수는 없으므로 공간 쪽을 x와 y의 2차원으로 참기로 하고, 세로축에 시간 ct를 잡았다. 빛의 경로가—일반 상대론과 같이 강력한 중력장을 생각하지 않는 한—이 그래프에서는 45도로 비스듬히 위쪽으로 진행하고 있다. 그리하여 원추의 내부를 시간적 영역, 외부를 공간적 영역이라 설명했었다. 이처럼 민코프스키 공간에서 이미 영역을 구별하고 있다는 것이 결국에 있어서는 시간과 공간을 "어떤 의미"로 차별하고 있다는 것에 해당한다. 그렇다면 이 "어떤 의미"란 도대체 무엇일까?

세상사, 그것이 자연현상이건 또는 인위적이건 거기서 발생하는 현상(쉽게 말하면 사건)에는 반드시 어떤 원인이 있다. 교통사고의 원인은 운전기사 또는 보행자의 부주의, 더 근원적으로는 운전기사의 과로, 보행자가 엉뚱한 생각에 빠져 있었다거나 하는 것 등이 있다. 왜 그렇게 되었냐 하면 복잡한 인과 설명이 필요하기에 원인을 더듬어 가자면 한이 없다. 결국 자연현상인들 마찬가지이다. 태양의 흑점이 나타나면 지구에서 자기 폭풍이 일어난다. 게성운의 폭발로 인해 지구로 더 많은 입자가 쏟아진다(물론 이것이 반드시 확실히 밝혀진 사실은 아니지만). 세상의 모든 일은 원인이 있고, 그로 인해 결과가 생긴다고 생각해도 좋다. 따라서 시간적으로는 언제나 원인이 결과보다 앞선다. 그 반대의 경우는 생각할 수 없다.

이것이 위치로 되면 어느 것이 앞선다는 따위의 일은 전혀 없다. 반드시 북이 먼저 무엇을 하는 식의 일은(적어도 자연과학적으로는) 전혀 생각할 수 없는 일이다. 그렇게 되면 시간과 공간은 역시 다르다는 마음이 든다.

그러나 정말 그럴까? 일상적으로는 원인이 있고 그 결과가 뒤따르지만, 미시적인 세계에서도 그런 단선적인 사고방식이 통할까? '작은 세계'라 함은 시간적으로도 매우 짧은, 거의 한순간이라 할 수 있는 시간의 흐름을 다루는 세계를 말한다.

세상의 일은 극한 상태에서는 반드시 상식대로만 이루어지지 않는다고 물리학자들은 생각한다. 그래서 1초의 1조분의 1의 또 1조분의 1, 혹은 그보다 더 나아가 1조분의 1의 또 1억분의 1 정도의 짧은 시간 단위가 되면, '과거에 원인이 있고 미래에 결과가 생긴다'는 인과 관계 자체에 의문을 품는 사람도 있다(대략 10^{-44}초 정도의 시간이다). 그러나 한편에서는 아무리 짧은 시간을 생각하더라도 인과 관계란 언제나 원인이 먼저이고 결과가 나중이라는 견해를 고수하는 학자들도 있다. 일반적으로는 시간이 짧으냐 길으냐 하는 것은 인과 관계를 결정짓는 본질적인 이유가 될 수 없다는 후자의 입장이 더 우세한 듯하다. 이는 시간의 길고 짧음이 상대론적 관점에서는 절대적인 조건이 될 수 없기 때문이다. 다시 말해, "짧은 시간"이라도 그것을 측정하는 관측자에 따라 특수 상대론의 법칙에 의해 "긴 시간"으로 바뀔 수 있기 때문이다.

그런 까닭으로 시간의 경과에는 인과율이 수반되지만, 공간에 대해서는 그런 일이 없다고 한다. 그렇듯이 아무래도 시간과 공간은 "어떤 의미"에서는 차별이 필요하다는 사고방식이 정상적인 것 같다.

상대론은 시간과 공간을 동등하게 다루지만, 시간의 경과에는 인과율이라는 옴짝달싹 못 하게 하는 제한이 있다. 이쯤 되면 시공간, 즉 4차원을 생각할 때 순수하게 수학적인 기술로 접근할 것인가, 아니면 현실을 직시할 것인가 하는 어려운 문제가 된다.

3차원의 공간이 휘어져 있다는 것은 도대체 어떤 것인가? 구체적인 설명을 듣고 싶다.

[답] 1차원, 즉 선이 곧고 휘고는 한눈에 금방 알 수 있다. 2차원, 즉 면이 곧은지 휘었는지도 보기만 하면 곧 판단할 수 있다. 곧으면 직선이거나 평면, 휘어졌으면 곡선이나 곡면으로 부르고 있다는 것은 아는 바와 같다. 그런데 3차원인 공간은 곧은지 아닌지 질문받아도 대답이 막히는 것이 보통이다. 넓은 하늘을 쳐다보고 이 하늘이 곧은지, 혹은 휘었는지를 물어도 대답할 길이 없다. "하늘은 어디까지나 하늘이며 그저 펼쳐졌을 뿐이다." 이렇게 생각하는 것이 상식이다.

그러나 "대답할 길이 없다"라고 해서는 곤란하다. 자연현상이 공간과 시간을 기초로 하여 연출되는 한 그 무대(공간과 시간)가 어떻게 되어 있는가를 분명히 해 두어야 할 것이다. 이 이야기는 복잡하니 우선 시간 쪽은 접어 두고 공간을 좀 더 따져 보기로 하자.

3차원의 휨은 쉽게 짐작이 가지 않는다. 그렇다면 왜 1차원이나 2차원의 휨이나 꺾임은 바로 이해할 수 있을까? 그것은 우리가 3차원 세계에 살고 있기 때문이다(여기서는 네 번째 차원인 시간은 제외하고 생각한다). 높은 차원 속에 있는 낮은 차원, 이를테면 공간 속의 선이나 면의 성질을 조사하는 것은 비교적 간단하다. 그러나 3차원 세계에 살면서 자신과 같은 차원의 공간을 연구하는 일은 좀 더 까다롭다. 그 휨을 알기 위해서는 단순히 '보는 것'만으로는 부족하며, 다른 방법에 의존해야 한다.

이제 2차원 세계—예를 들어 구면이 적당하겠다—에 사는 동물이 자기 세계의 휨을 어떻게 판정할 수 있을지 생각해 보자. 〈질문 24〉에서 말했듯이, 지구 표면에서 예를 들어 동경 126도와 129도의 두 경선을 보면, 적도 위에서는 서로 평행하다. 왜냐하면 두 선 모두 적도와 직각으로 교차하기 때문이다. 그런데 이 평행한 두 선은 북극과 남극에서 만나 겹친다. 평행해야 할 두 선의 간격이 장소에 따라 달라지는 것이다. 이것은 그 선이 그려져 있는 바탕, 즉 면 자체가 휘어져 있기 때문이다. 만약 그것이 평면이었다면, 평행선의 간격은 영원히 변하지 않았을 것이다.

3차원 공간이 휘어졌느냐 어떠냐는 것도 같은 논법을 쓸 수 있다. 평행선의 간격이 어디까지나 같다고 하면 3차원 공간이 곧다고 판단해도 되겠지만, 문제는 무엇으로서 "선"을 결정하느냐에 달려 있다. 우주 공간에는 경선도 위도선도 없다.

무엇을 기준선으로 사용하는지는, 현재까지 알려진 물리현상 가운데서 가장 불변적(보편적이라고 하는 편이 나을지 모르겠다)인 것, 일반적인 것, 더구나 충분히 물리적인 기반 위에 설 수 있는 것을 생각한다. 그렇게 되면 빛(전파나 X선과 같은 것을 포함하여 일반적으로 전자기파라고 부르는 것이 적당하다)밖에 생각할 수 없다. 그리하여 빛(그 속도와 직진성)을 기준으로 하여 공간이나 시간의 성질을 기술해 나간 것이 상대론이다. 그러므로 가장 기준으로 적합한 물리현상이 발견된다면 상대론은 깨어지게 되는 셈인데 현재로는 빛 이상으로 기본이 될 만한 것이 마땅치 않다.

그런데 두 개의 평행한 광선이 있을 때, 그중 하나가 질량이 큰 천체 근처를 통과하면 두 광선 사이의 간격은 일정하지 않게 된다. 쉽게 말해, 천체 근처에서는 빛이 휘어진다는 사실이 알려져 있다. 빛은 본래 직진한다, 즉 두 점 사이의 최단 거리를 따라간다고 되어 있지만, 휘어진 공간에서는 그 공간 안의 '최단 거리'를 따라가므로 결과적으로 빛이 휘어진 것처럼 보이는 것이다. 이런 의미에서 우주 공간은 "평평한" 것이 아니라 크게 휘어져 있다고 할 수 있다.

태양과 같은 항성 부근에서 근소하게 휘어지고 그 휨이 우주 전체에서 쌓이고 쌓여서 크게 만곡된 것이겠지만, 그와 같은 규모가 큰 휨은 도저히 망원경 정도로는 관측할 수 없다. 우주 전체의 형태는 상상하는 방법밖에 없다.

상대론에서는 리만 기하학을 사용한다는데, 리만 기하학이란 어떤 것인지 알기 쉽게 설명해 달라.

[답] 우주 공간은 휘어져 있다. 어느 성운의 어디쯤이 얼마큼 휘어져 있다는 세밀한 것은 도저히 추적할 수 없는 일이지만, 어쨌든 넓은 우주 전반이 일직선으로 곧다는 일은 없다. 휘어진 공간(2차원에서도 3차원에서도 또는 수학의 과제로서는 다차원)의 토대 위 도형을 연구하는 학문. 이것을 넓은 의미에서 리만 기하학이라 한다.

좀 더 엄밀하게 말하면 열린 곡면 위의 기하학은 러시아의 로바쳅스키(N. I. Lobachevsky, 1793~1856), 헝가리의 보여이(Bolyai János, 1802~1860)에 의하여 이루어졌으며, 닫힌 곡면은 독일의 리만(G. F. B. Riemann, 1826~1866)에 의해 연구되었다. 평면(또는 휨이 없는 다차원 공간)에서 도형의 연구를 유클리드 기하학이라 하는 데 대해 비유클리드 기하학을 총괄하여 리만 기하학이라 부르는 수가 많다. 우주 공간은 휘어져 있으므로 당연히 리만 기하학을 써야만 한다.

복잡한 리만 기하학을 이해하기 쉽게 예를 들어 설명해 보겠다. 3차원 공간으로는 다루기 어려우므로, 2차원 곡면 중에서도 특히 곡률(즉, 휘어진 정도)이 어디서나 일정한 구면을 예로 들기로 하자. 다만 현실적인 문제로서 3차원 우주 공간의 휨이 실제로 어디서나 일정한 것은 아니다. 여기서는 단지 휨의 기하학적 개념을 쉽게 이해하게 하고자, 보다 단순한 예로서 구면을 제시하는 것뿐이다.

먼저 구면 위의 A점과 B점을 잇는 (넓은 의미의) 직선은 그 두 점을 통하는 큰 원을 말한다. 왜냐하면 큰 원을 따라가는 길이 가장 짧기 때문이다. 따라서 면 위에 A, B, C를 지정하고 삼각형(구면 삼각형)을 만들 때, 변 AB, BC, CA는 큰 원의 일부이다. 이 지점은 구면 삼각법을 쓸 경우 반드시 유의하여야 한다. 그런데 그림과 같은 ABC와 A′B′C′을 비교한 경우, 면분(면 일부분)이 볼록하므로 이 둘을 합동이라 할 수는 없다. 합동(合同)은 뒤집어도 상관이 없으나 겹쳐서 포갤 수 있는 두 개의 도형을 말한다. 이 둘은 합동이 아닌 대칭이다.

또 아래 그림과 같이 적도를 저변, 북극을 정점으로 한 삼각형을 그릴 때, B점과 C점으로서 이미 직각이기 때문에 삼각형 내각의 합은 2직각보다 크다는 것은 금방 알 것이다. 정확하게 말하면 구면 삼각형 내각의 총합은 2직각 이상, 6직각 이하라는 결론이 나온다. 또 아래 그림에서 B′PC′은 위도선인데 삼각형 ABC와 AB′(그 중간에서 P를 통과하여) C′이라는 형태는 닮은꼴이 아니다. '그런 일이 어디 있느냐, 누가 보아도 ABC와 AB′C′은 닮은꼴이 아니냐?'라고 생각할지 모르나 그것은 잘못되었다. 평면 기하학이라는 상식적 사고에서 벗어나지 못하기 때문에 그와 같이 느끼는 것이다. AB′, P, C′이라고 하는 것은 실은 삼각형이 아니다. 왜냐하면 B′PC′이 직선이 아니기 때문이다. B′과 이를 잇는 직선은 B′과 C′을 통과하는 큰 원, 즉 B′QC′이 된다. 이쯤이 구면 삼각형(즉 비유클리드 기하학)의 까다로운 점이다. 그러므로 지구로 말하면 남

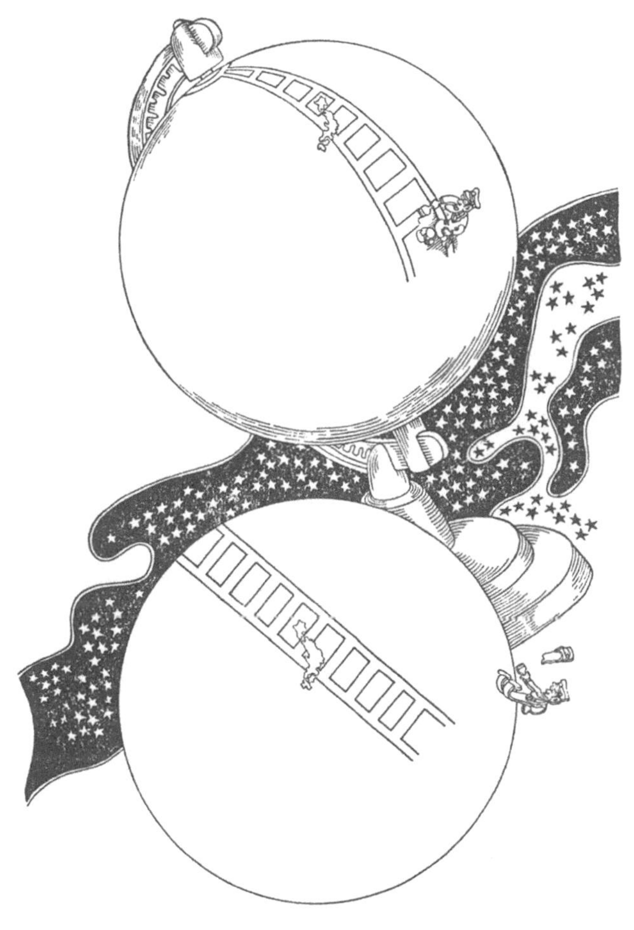

그림 2-4 | 구면의 기하학

북으로 그어진 경선은 (적도 위에서는) 전부 평행이지만, 동서의 위도선끼리를 평행이라 해야 할지는 약간 의문이다.

그래서 구면 위의 두 삼각형이 합동이거나 대칭이 되기 위한 조건에는 몇 가지가 있다. 세 변이 모두 같거나, 두 변과 그 사잇각이 같다는 조건 등은 평면 도형의 경우와 동일하다. 그러나 구면에서는 세 각이 각각 같다는 것도 합동(또는 대칭)의 조건이 된다. 평면 삼각형이라면 각만 같을 시 단지 닮은꼴(상사)일 뿐이지만, 구면 위에서는 세 각이 각각 같으려면 두 삼각형의 크기 또한 같지 않으면 성립하지 않는다.

어쨌든 이처럼 비유클리드 기하학, 즉 리만 기하학은 구면만을 문제로 삼더라도 상당히 상식에서 벗어난다. 하물며 이것을 3차원 공간에 적용한다. 또 시간축까지 포함한 4차원 시공간으로 리만 기하학을 응용하게 되면 많은 수학적 기본 지식이 요구된다는 것을 알 수 있다.

수식을 사용하여 설명할 여유가 도무지 없지만, 일반 상대론에는 이와 같은 수학적 수단이 필요하다는 것을 명심하자.

중력이 있으면 공간이나 시간이 휘어진다고 하는데, 실제로 그것을 확인한 사람이 있는가?

[**답**] 시공간의 휨은 확실히 중력에 의해 생긴다. 다만 그렇게 말하기보

다는 "중력=시공간의 휨"이라고 이해하는 것이 상대성 이론의 기본적인 관점이다. '질량이 있어서 중력이 생기고, 그 때문에 시공간이 휜다'는 식이 아니다. 오히려 발상을 거꾸로 해서, 우주 공간이 국소적으로 조금씩 휘어져 있어서 그곳에 질량이 존재한다는 것이 아인슈타인의 생각이다.

어느 쪽이든 결국 같다는 직관이 들 수 있지만, 자연과학에서는 사물을 일반적인 관점에서 정리하고 체계화하는 것을 기본 신조로 삼는다. 일상적 상식에 집착하지 않고 자연 현상을 보편적인 개념 속에 통합하는 것이 과학의 역할이다. 질량이나 힘 같은 '특수한' 물리적 사고를 버리고, 이를 단순히 4차원 시공간의 기하학으로 바꾸어 설명한 것이 아인슈타인의 탁월한 사고방식이다. 학교에서 배우는 힘이나 질량 같은 개념은 물리학의 기초적인 용어일 뿐이며, 배우는 사람은 그것이 당연히 존재한다고 생각하기 쉽다. 그러나 곰곰이 생각해 보면, 힘이나 질량은 본질적으로 추상적인 개념일 뿐이고, 사물의 형태가 직선인지 곡선인지는 기하학적 관점에서 훨씬 보편적이다.

그렇지만 그 휨을 실제로 관측할 수 있느냐는 질문이 될 수 있다. 천문학적으로 보면, 태양에 가장 가까운 행성인 수성의 공전 궤도가 공간의 휨 때문에 아주 조금씩 위치가 이동하고 있다는 사실이 알려져 있다. 지구 부근에서 시공의 휨은 매우 작기 때문에, 상당히 정밀한 실험을 하지 않으면 확인할 수 없다. 예를 들어, 높이가 30m 정도 차이가 나면 시공의 성질이 아주 근소하게 달라지고(중력 가속도(g)의 값이 달라지기 때문에), 위에서 아래로 또는 아래에서 위로 감마선을 쏘아 그 변화를 관측함으로써 이를 확인할 수 있다.

그러나 아마추어가 접근하기 어려운 방법을 쓰지 않고, 보다 직접적인 방식으로 중력에 의한 시간 지연을 측정한 사람이 있다. 미국에서 제트기를 타고 동쪽으로 비행할 때와 서쪽으로 비행할 때, 지상 기지의 시계와 시간 차이가 생기는지를 실험한 것이다.

동쪽으로 비행할 경우에는 지구의 자전 방향과 비행기의 운동이 더해져 원심력이 커지고, 그만큼 중력이 약해진다. 반대로 서쪽으로 비행할 때는 원심력이 줄어들어 기내에서의 중력 가속도 g 값이 커진다. 실제로 실험 결과, 기내의 원자시계는 서쪽으로 비행한 쪽이 약간 늦은 것으로 보고되었다. 다만 이 실험은 나노초(1초의 10억 분의 1) 단위로 시간을 측정한 것이어서, 그 정도의 미세한 차이를 얼마나 신뢰할 수 있는지는 명확하지 않다. 게다가 이착륙 시의 가속도 영향도 있어, 현재로서는 이 결과를 일반 상대성 이론을 입증하는 확실한 증거로 보기는 어렵다.

1972년에 미국의 하펠과 키팅이 제트기에 원자시계를 가지고 들어가서 시간을 측정했는데 이것은 인공위성의 시계나 각국 시간의 오차를 수정하는 것이 목적이었다. 이때는 마이크로초(1초의 100만분의 1)의 단위로서의 시간 측정이었고 상대론의 효과는 일단 무시했었다.

그러나 기술의 진보에 따라 미국에서는 공군의 원조 아래 고공과 지상에서의 g의 차, 나아가서는 g의 차에 의해서 일어나는 시간 차이의 연구가 진행되고 있다.

로켓이 광속에 가까운 속도로 달리고 있을 때, 로켓 내의 사람과 지구 위의 사람이 서로 관찰하면 상대방의 시간 경과가 매우 느리다고 한다. 그러나 양쪽이 다 상대방이 느리다고 하는 것은 모순으로 생각된다. 사실은(즉 실험해 보면) 어느 한쪽이 느린 것이 아닐까?

[답] 이 질문에 대답하기 전에 1905년에 발표된 특수 상대론과 1916년의 일반 상대론을 분명히 구별하여 기억해 두어야 한다. 전자의 특수 상대론에서는 속도가 변하는 일은 없으므로 서로가 맹렬한 속도로 스쳐 갈 뿐이다. 미리 일러 두지만, "속도가 변하지 않는 것"은 속도의 방향도 바뀌지 않는다는 것을 의미한다. 그러므로 등속 원운동 등은 가속 운동의 부류에 들어가며(부단히 중심으로 가속도가 가해져서 비로소 원운동이 가능하므로) 특수 상대론이 아닌 일반 상대론으로 비로소 논할 수 있는 사항이다.

그런데 여기서 질문은 특수 상대론의 경우인 것 같다. 로켓 안의 사람을 A, 지구 위의 사람을 B로 하면, A와 B는 전적으로 동등(즉 상대적, 상대론이라는 이름은 여기서 왔다)하다. "B는 대지를 단단히 딛고 서 있으므로 A보다는 기본적이라고 해야 한다." 이런 식으로 말해서는 안 된다는 것이 상대론의 골자다.

서로의 길이가(진행 방향으로) 줄어들어 보인다. A에게는 B의 공간 자체가 수축된 것으로 보이고, B에게는 A의 공간이 수축된 것으로 보인다.

"길이"라는 개념은 결코 절대적인 것이 아니다. 네 번째 차원인 "시간"도 마찬가지다. 서로의 "시간" 흐름 역시 상대적으로 느리게 보인다. 이렇게 시간의 경과도 A와 B처럼 관점이 다르면 더 이상 공통된 것이 아니다.

하지만 "서로가 상대방의 나이 드는 속도가 느리다면, 실제로는 어떻게 되는 것이냐?"라고 물어본다면, 이에 대해 실증할 방법은 없다. 두 사람은 서로 영원히 멀어져 버리기 때문이다. A와 B가 스쳐 지나가는 순간에 같은 나이였다면, 그 이후 A의 입장에서는 B가 더 젊게 보이고, B의 입장에서는 A가 더 젊게 보인다. 관점(물리학에서는 '좌표계'라고 부른다)이 다르면 관측 결과도 달라지는데, 이는 자연과학에서 결코 이상하거나 모순된 일이 아니다.

예를 들어 빛의 경우, 회절격자를 통해 보면 파동처럼 보이지만, 금속 등에 부딪혀 전자를 튀어나오게 할 때는 입자처럼 행동한다. 이처럼 두 가지 성질을 동시에 지니는 것이 바로 빛이다.

A도 B도 서로를 언제까지나 젊게 볼 수 있다니…… 이런 꿈같은 현상이야말로 자연계의 진실이다.

로켓 내 사람과 지구의 사람은 영구히 갈라져서 비교할 방법이 없다고 하는데 로켓이 회전하여 되돌아온다면 두 사람의 나이를 비교할 수 있지 않을까?

[답] 그렇다. 당연히 비교할 수 있다. 그리고 결과는 로켓 여행을 한 쪽이 젊고 지구 위의 인간 쪽이 나이를 먹는다. 쌍둥이 중의 한 사람이 로켓 여행을 하면 돌아온 쪽이 젊어서 도저히 쌍둥이로는 보이지 않는다. 이것이 유명한 쌍둥이의 패러독스(paradox)이다.

어째서 이런 결과가 될까? 이는 특수 상대론이 아닌 일반 상대론의 문제다. 왜냐하면 로켓은 출발부터 귀환하기까지, 그 사이에 반드시 가속 운동이 따르기 때문이다. 그리고 일반 상대론의 결과를 정통으로 말하면 가속계, 또는 중력이 작용하고 있는 곳[물리학에서는 이것을 장(場)이라 한다]에서는 시간의 경과가 느려진다.

극단적인 예를 생각해 보자. 로켓이 일직선의 어느 방향으로 달려갔다고 하자. 이때 로켓 속 A에서 보면 지구의 B는 자신보다 나이를 먹는 것이 더디고, 반대로 지구에 있는 B의 입장으로부터는 A 쪽이 나이를 천천히 먹는 것이 된다. 이것뿐이라면 특수 상대론만으로서 설명할 수 있으며 A도 B도 서로 피장파장이다.

여기서 로켓이 어느 지점에서 되돌아온다고 하자. 광속에 가까운 속도의 로켓이 반대 방향으로 달리게 되므로 그 가속도는 대단할 것이다. 로켓 속의 사람은(사람뿐이 아니라 로켓 및 그 내부의 모든 것) 매우 강력한 힘을 받게 된다. 동쪽으로 달려가던 전차가 한순간 정지했다가 금방 서쪽으로 달려간다.

이러한 경험을 한 적이 없을는지 모르겠으나, 제트코스터에서는 이에 가까운 느낌을 받는 일이 있을 것이다. 이 강한 관성력[역학에서는

달랑베르(J. R. d'Alembert, 1717~1783)의 힘이라 한다] 때문에 그동안 A
의 시간은 느리게 경과한다. 그동안 A는 순간적으로 나이를 먹는다면
어쩐지 알 듯한 마음이 들지만, 사실은 반대이며 A가 U턴을 하는 한순
간에(단, 이 순간이란 어디까지나 로켓 속 A의 입장에서 하는 말이지 지구 위에서
는 결코 한순간이 아니다), 지구 위의 B는 몇 해 또는 수십 년이란 시간이
경과한다.

이 부분이 가장 이해하기 어려운 지점인데, 일반 상대론의 결과는
이상과 같으며, 지구에 돌아온 A는 처음부터 지구에 있었던 B보다 훨씬
젊다는 것이 된다.

로켓이 U턴을 하지 않고 우주 공간을 크게 돌아서 지구로 되돌아왔
다고 하더라도 결과는 마찬가지이다. A에는 원심력이라는 관성의 힘이
계속 작용하고 있으므로 시간이 느리게 흐르며, 돌아왔을 때는 역시 B
보다 젊다. 쌍둥이의 나이가 일치하지 않는다는 것이 일반 상대론의 결
과이다.

로켓은 지구와 서로 떨어졌다가 다시 접근한다. 그러므로 로켓은 지
구와 서로 같은 처지이므로 B 쪽이 나이를 더 먹을 이유가 없다. "이런
기초적인 일도 모르느냐"라고 야단을 친 편지를 받은 일이 있다. 그러나
이것은 잘못되었다. "상대"란, 어디까지나 같은 속도로 달리는 것들 사
이의 말이다.

가속에 대해서는 이미 상대적이 아니다. 지구도 공전과 자전으로 다
소 운동 방향이 바뀌지만, 로켓의 거대한 가속과는 비교가 되지 않는다.

그리고 한쪽이 크게 가속하고 있을 때, 가속 측(이 경우는 로켓)에서는 한 순간이라고 생각되는 동안에 비가속계(지구 등)에서는 자꾸 나이를 먹는다. 바꿔 말하면 지구 시간으로 로켓의 행동을 관측하면 로켓은 긴 세월에 걸쳐 반대 방향으로 되는 셈이다. 이때 내부 사람의 행동, 그것보다는 신체의 성장도 말할 수 없이 느리게 된다.

쌍둥이의 패러독스에서 로켓 여행을 한 쪽은 여전히 젊다고 했다. 만약 여행 중에 공부에 골몰하고 있었다면 여행자는 지극히 오랜 세월 동안 공부를 할 수 있기에 젊어서 유능한 학자가 될 수 있다는 말인가?

[답] 그것은 아니다. 쌍둥이는 태어났을 때는 꼭 같이 닮았고, 한쪽이 우주 여행을 출발하는 때도 같은 조건이었다. 그런데 다시 만났을 때는 청년과 노인이다. 둘 다 꼭 같이 공부에 정진했다면 같은 정도의 지식과 견식을 갖게 되므로 젊은 사람 쪽이 그만큼 우수하다고 볼지도 모르나, 그렇지는 않다. 비가속계(지구)와 가속계(로켓)에서는 시간 경과가 전혀 다르다는 것을 충분히 인식하여야 한다.

지구 위의 인간이, "로켓에 탄 인간은 이렇게 오랫동안 공부를 했으며 또 갖가지 인생 경험을 쌓았다. 자신도 마찬가지로 공부에 골몰했으므로 현재의 지식이나 인간으로서의 여러 가지 능력이나 판단력은 같을 것이다. 그런데도 상대방은 젊다. 젊은데도 노인인 자신과 같은 능력이 있다면 결국 상대방이 자신보다 훨씬 유능한 사람이라고 인정하지 않을 수 없다."라고 생각한다면 이건 큰 착각이다.

쌍둥이이면서도 지구 위의 사람은 50살이고 로켓에서 돌아온 사람은 30살이라면 (즉 육체적으로 30살의 젊음을 유지하고 있다면) 결과적으로는 50살인 사람과 30살인 사람이 재회하게 된다. 로켓 측의 30살의 사람은 태어나고서 30년의 경험밖에 겪지 않았다는 것이다.

즉 비가속계와 가속계에서는 시간의 경과가 전혀 다르다고 생각하여야 한다. 로켓으로 가속 운동을 하는 사람은 그동안 지구 위에서 20년, 30년이 경과하더라도 자기 자신은 1년이나 2년 정도의 시간밖에 흐르지 않는다.

지구 위에서는 자꾸만 세월이 흘러가므로 자신의 세월도 빠르게 흐른다는 느낌은 전혀 없다. 로켓 속의 생활은 전적으로 자신 기준으로 이루어진다. 시간 경과는 짧지만, 공부에 의한 지식이나 인생 경험이 농축되는 것은 아니다. 그와 같은 일이 허용될 턱이 없다. 그러므로 돌아와서 쌍둥이가 다시 만났을 때, 맞이하는 쪽은 50살 나름의 견식을 지녔고, 로켓에서 내리는 30살의 사람은 30살 나름의 인생 경험밖에는 갖지 못한다.

다른 계에서 시간 경과가 다르다는 것은 이와 같은 뜻이다.

마하의 원리를 잘 모르겠다. 어떤 것인가?

[**답**] 지구로부터 로켓이 발사되어 사라졌다가 이윽고 U턴을 하여 되돌아온다고 하자. 이때 U턴을 한 쪽은 로켓이고, 지구가 아니라는 것을 〈질문 35〉에서 설명했다. 로켓 쪽은 U턴할 때 큰 관성력이 작용하는데, 지구의 인간에게는 그와 같은 작용은 느껴지지 않는다. 그러므로 가속하는 것은 로켓이고 지구는 그렇지 않다고 단언할 수 있다.

가속하는 것은 로켓 쪽이라는 사실이 실증적으로 확인된 셈이다. 그러나 로켓이 가속하고 있다고 단언할 수 있는 '우주적 근거'는 어디에서 찾아야 할까? 이에 대해서는 두 가지 해석이 있다.

① 우주 공간은 등속도 운동에 대해서는 상대적이지만, 가속 운동에 대해서는 일정한 기준이 존재한다. 이 기준계에 대해 속도가 변하는 것이 곧 '가속'이며, 그 결과로 중력(달랑베르 힘이나 원심력 등)이 작용하여 시간의 흐름이 더디게 된다. 따라서 가속하고 있는가 아닌가는 우주 본래의 성질에 귀속되어야 한다.

② 우주에서는 '가속'이라는 개념을 생각하더라도 기준이 없다. 이런 의미에서 가속계조차도 "상대적"이다. 다만 U턴하는 로켓에 강한 힘이 작용하는 것은, 로켓 이외의 다른 항성 전체가 U턴하지 않기 때문이다. 달리 말하면, 로켓이 정지해 있고 지구나 태양, 은하계, 그리고 은하

계 밖의 은하들(마젤란 성운, 안드로메다 성운, 더 멀리 있는 수많은 천체)이 로 켓과 반대 방향으로 달려가서, 전부가 U턴을 하여 되돌아온다고 생각해도 된다는 것이다(즉, 지구가 로켓 근처로 돌아올 때까지). 생각해 보면 정말로 엄청난 사상이지만, '상대성'에 지나치게 집착하거나, 다시 말해 어떤 방법으로도 우주에 절대적인 기준은 없다는 입장을 취하면 이런 결론에 이르게 된다. 우주의 모든 천체가 가속한다는 것은 도무지 상상하기조차 힘든 생각이지만, 완전히 공평무사한 입장을 유지한다면 그렇게 볼 수밖에 없다. 이런 사고방식(어쩌면 '철학'이라 부르는 편이 나을지도 모른다)을 '마하의 원리'라고 한다. 실제로 마하(E. Mach, 1838~1916)는 물이 담긴 통을 회전시켰을 때 수면의 중심이 오목해지는 것은 물이 회전하기 때문이 아니라, 하늘의 모든 천체가 회전하면서 그 만유인력으로 물의 중앙이 오목해지는 것이라고 설명했다. 이는 앞서 말한 로켓의 귀환을 우주의 모든 천체의 귀환과 동등하게 보는 사고방식과 같다.

①과 ②의 사고방식의 어느 쪽이 옳을까? 수면의 중앙이 오목해지거나 로켓이 도중에서 큰 힘을 받는 것은 엄숙한 사실이다. 그리고 이 사실은 ①에 의해서도 ②에 의해서도 설명할 수 있다. 이렇게 되면 이것은 자연과학의 대상이기도 하지만, 동시에 사상의 문제이기도 하다.

마하는 오스트리아의 물리학자이자 철학자이기도 했다. 아인슈타인 이전의 학자로서 사상적인 면이 강하고, 아인슈타인이 상대론을 제안함으로써 마하의 사상에 크게 영향을 받았다고 한다. 그러나 현재에 이르러서도 ①처럼 생각할 것인가 또는 ②와 같은 해석 쪽이 타당한지는 판명되지 않고 있다. 이와 같은 사고상의 문제를 해결하지 않고서도 상대론이라는 물리법칙이 완성된 데에 자연과학과 철학과의 지향하는 바에 미묘한 차이를 엿볼 수 있다.

마하는 1895년에 빈(Wien) 대학의 철학 교수가 되었다. 그 무렵 초음속 및 제트기 연구를 개발하여 현재 마하라는 속도 단위가 사용되고 있다는 것은 잘 알고 있을 것이다.

우주선을 타고 지구를 돌고 있는 사람은 지상의 인간에 비하여 실제로 나이를 먹는 속도가 빠른가, 느린가?

[**답**] 우주선 속은 무중량 상태, 지구 위에서는 $9.8m/s^2$라는 중력장이 있는데 이와 같은 작은 중력의 차이로부터 시간의 경과를 조사하는 것은 매우 곤란하며 또 현실적으로는 문제가 되지 않는다(최근에는 일반 상대론의 증명으로서 이와 같은 방법도 고안된 것 같다). 그러므로 여기서는 "이론상의 얘기"에 한정하기로 하겠다.

제트기로 동쪽으로 날아가는 것과 서쪽으로 달리는 것은 기내에서의 무게가 근소하게 다르지만, 시속 1,000㎞ 정도에서는 원심력(바르게는 원심 가속도는) $0.02m/s^2$ 전후이며, 이것이 무게에 가해지거나 다소라도 상쇄된다고 하더라도 그저 "이치" 이상의 흥미밖에 없다(질문 32 참조).

이에 비하면 인공위성 쪽은 위쪽으로 $9.8m/s^2$의 가속도를 가짐으로 제트기와 비교하면 수백 배나 영향이 크다. 그렇기는 하지만 이 정도의 원심력으로서는 일반 상대론의 대상으로 삼기에는 아직도 너무 작다.

그러나 되풀이하여 말하지만, 이론적으로 대답하기로 하겠다. 우주선 안보다 지구 위가 근소하게 시간의 경과가 빠르다. 여기서 분명히 해 둘 것은 강한 중력장 속에 있는 경우 또는 큰 가속계에 있는 경우에는 시간의 경과가 더디어진다는 것이다. "또는"이라는 말을 사용했는데, 중력장과 가속계 속은 "어느 쪽도 물체(바르게는 질량을 소유한 것)에 힘이 작용한다"라는 의미에서 전적으로 동등하게 생각한다. 구체적인 예를 들면 큰 별 가까이에서는 별의 방향으로 만유인력이 작용한다. 또 우주 공간의 한가운데서 로켓이 힘차게 가속하면 내부의 물체에는 로켓에 대해 뒤로 향하는 힘이 작용한다.

이 양쪽 힘은 얼핏 보아서 그 원인이 다르듯이 느껴지지만, 실제는 전혀 같은 것이라고 하는 사고를 '등가 원리'라 하며, 이 원리가 일반 상대론의 출발점으로 되어 있다고 해도 무방하다. 우주선 속에서는 원심력이 만유인력을 상쇄한다고 생각해도 되며, 처음부터 우주선 속은 무중량 상태(즉 중력 $g=0$)라고 해도 상관없다. 지구 표면이나 지구의 공전 운동에서는 가속도에 따른 중력 변화가 문제가 되는 경우가 많지만, 우주 전체를 넓게 바라보면 중력의 원인이 되는 것은 대부분 천체의 존재로 인한 만유인력이다. 앞으로는 가속도에 의해 생기는 힘까지 포함하여(달랑베르의 힘이나 원심력 등) 모두 중력이라 부르기로 하겠다.

　여기서 시간의 경과에 대해 다시 정리해 보면, 중력이 없는 곳에서는 시간이 가장 빠르게 흐른다. 그리고 중력이 커질수록 시간의 흐름은 더 느려진다. 따라서 무중력 상태의 우주선 안에서 시간이 가장 빠르며, 그다음은 지구 표면, 그리고 태양 표면, 나아가 더 거대한 별의 부근으로 갈수록 시간의 진행이 점점 더 느려진다. 태양 표면에서는 원자의 진동이 느리게 일어나며, 그 결과 거기서 나오는 빛의 파장이 지구보다 길어진다는 사실이 확인되어 있다. 이것을 '적색편이'라고 한다.

　그러나 우주선에서 귀환한 우주비행사는 약간 더 젊었다. 이런 결과는 설령 '우주 유영'이 100일에 이르렀다고 해도 결코 나타날 수 있는 것이 아니다. 다만 이 이론을 확장해 생각하면, 엄청나게 큰 가속을 받아 온(다시 말해 강력한 중력장 속에 있었던) 비행사는 지구에 남은 사람보다 나이를 덜 먹게 된다. 이것이 흔히 SF에서 다뤄지며, 또 다른 항목에서도 언급했듯이 '나이 차이'가 생기는 효과이다.

3장

불가가의한 구멍

최근, 블랙홀에 대한 말이 무척 많다. 이 블랙홀을 누구나 알기 쉽게 설명해 달라.

[답] 중력장 g가 큰 공간에서는 시간의 경과가 느려진다. 모가 우리의 상식을 넘어서 자꾸만 커지면 어떻게 될까? 시간은 더욱더 느려지고 마침내 "시간"의 경과는 제로가 되어 버린다. 어느 만큼 중력장이 강해지면 "시간"이 진행하지 않느냐는 것은 좀 더 다른 입장에서 설명하는 편이 알기 쉬울 것이다.

매우 큰 별이나, 작더라도 밀도가 높은 별의 주변에서는 당연히 중력의 세기가 크다. 달 표면의 중력은 지구 표면의 6분의 1이며, 반대로 태양 표면의 중력은 지구의 약 28배이다. 지구의 28배 정도에 해당하는 중력에서는 시공간이 약간 휘어지고, 빛의 경로가 굴절되며 시간이 느려진다는 사실이 실험을 통해 확인되었다. 그러나 그것만으로는 시간이 완전히 정지하는 상태에 이르지는 않는다.

시간의 경과가 '제로'라는 것은, 그곳에서부터 빛이 외부로 빠져나올 수 없을 만큼 시공간이 심하게 휘어져 있는 경우를 말한다. 자세한 증명은 생략하겠지만, 질량이 매우 큰 별이 존재하면 그 중력 때문에 빛조차도 탈출할 수 없다. 그 질량이 상상할 수 없을 정도로 크기 때문에, 만유인력에 의해 어떤 것이든 모조리 빨아들인다. 이는 어느 정도 직감적으로도 이해될 것이다. 당연히 그런 시공간은 극도로 휘어져 있으며,

지구의 시간은 평소처럼 흐르더라도 그곳의 시간은 (지구의 입장에서 본다면) 정지 상태가 된다. 이렇게 거대한 중력장을 만들어 내는 천체가 바로 블랙홀(black hole)이다. 이곳에서는 빛도 전파도, 그 밖의 물질도 일절 빠져나오지 못한다. 즉, 어떤 정보도 바깥으로 전해지지 않는다. 이런 이유로 이 특수한 천체를 '블랙홀(검은 구멍)'이라 부른다.

가령 지구와 같은 질량을 가진 별이 있다고 하자. 이 별을 압축하여 반경 9㎜의 구로 만들지 않으면 블랙홀이 되지 않는다. 태양의 경우라면 그 반경은 약 3㎞이다. 물론 태양이 이보다 더 작게 수축하더라도 상관없다. 이때의 3㎞ 반경을 '슈바르츠실트 반경'이라고 한다. 외부에서 보면, 슈바르츠실트 반경을 갖는 구의 내부에서는 "아무것도" 빠져나올 수 없다. 이런 의미에서, 슈바르츠실트 반경으로 둘러싸인 구면은 '사상의 지평선'(정확히 말하면 사상의 지평면—질문 16 참조)이 된다.

또한 슈바르츠실트는 독일 프랑크푸르트 출신의 천문학자로, 수리물리학에도 정통하여 아인슈타인의 방정식이 발표되자 큰 관심을 보였다. 그는 1909년에 포츠담 천체물리관측소의 소장으로 임명되었으며, 제1차 세계대전에 종군한 뒤 전선에서도 상대성 이론을 연구했다고 한다. 일반 상대론이 나온 1916년에 독일은 큰 전쟁의 소용돌이 속에 있었다. 그러나 아인슈타인은 베를린 대학에서 조용히 교편을 잡고 있었다. 과학자의 연구가 전쟁과는 얼마나 교섭이 없었는지 살핌으로써 당시 학자들의 자세가 엿보이기도 한다.

그러나 슈바르츠실트는 전쟁에서 부상당하고 후송된 후 전상으로

죽었다. 만약 이와 같은 국가 사이의 불행한 일이 없었더라면 그 후의 천문학 물리학에 더 큰 공헌을 했을는지 모른다.

블랙홀은 정말로 존재할까?

[답] 우선은 실존한다고 생각해도 될 것이다. 그것을 직접 본 사람은 없으며, 하물며 거기까지 당도했다는 따위의 이야기는 한낱 SF에 지나지 않지만, 충분히 있을 수 있는 일이다. 아인슈타인의 일반 상대론은 특히 중력장이 강한 곳에서 그 위력을 발휘한다. 거꾸로 말하면 지구 근처와 같은 약한 중력장에서는 상대론도 쓸모없는 보물과 같이 된다. 그리고 아인슈타인의 방정식을 풀어 가면 확실히 시간의 경과가 제로가 되는 구면이 나온다. 나오기는 하지만, 우주 공간에 정말로 그와 같은 장소가 실존하는지 어떤지는 별개의 문제이다.

그런데 1930년대에 항성이 오랜 세월과 더불어 어떻게 변하는지 연구되어, 태양처럼 보통으로 빛나고 있는 별이 수십억 년 후에는 붉고 큰 별(적색 거성)로 되고, 그 후는 거꾸로 작은 별이 되고(백색 왜성), 또 어느 정도의 질량을 가진 것은 자기 자신의 질량 인력에 인하여 더욱더 수축해 간다는 것이 예상되었다. 그 결과 밀도는 $1cm^3$당 1억 배라는 어처구니없는 것도 생각하게 되었다. 이와 같은 천체에서는 빛도 탈출할 수 없

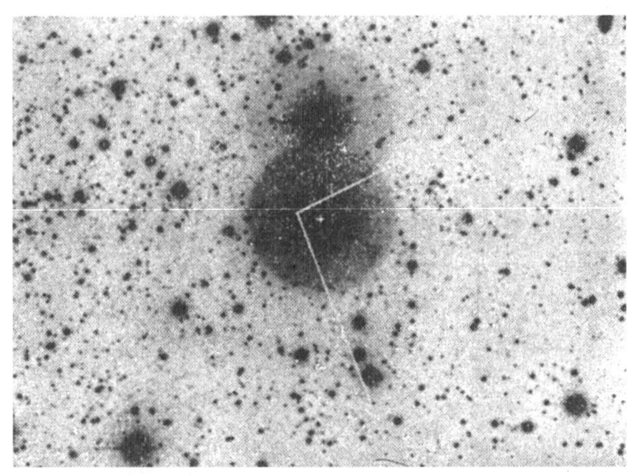

시그너스 X1. 플러스 표시가 전파 방사원이고 흰 테두리 안에 X선 방사원
이 있다.

다. 1920년대 말에 이미 이와 같은 예상이 있었지만, 당시에는 아직 우
주 관측도 불비했으며 어떠한 원리로 태양이 계속하여 불타고 있는가에
대해서도 분명하지 않았다.

1970년대에 접어들어 갑자기 '블랙홀'이 사람들의 입에 오르내리게
된 것은 아무래도 '비슷한 것이 관측된다'는 사실에 기인하고 있다. 블
랙홀이 직접 보이는 것은 아니지만, 이런 "유"의 별은 흔히 연성이 되어
발견된다. 현재 가장 그럴싸한 것은 백조자리에 있는 시그너스 X1이라
는 별이다. 정확하게 말하면 X1의 "짝"인 쪽이 블랙홀이라고 생각된다.

연성이란 두 개의 별이 둘의 중심 주위를 서로 공전하고 있는 것을 말한다. 공전하지 않으면 둘은 만유인력 때문에 당장 충돌할 것이다. 그리고 X1에서 오는 X선을 조사해 보면 X1은 연성의 하나라고 생각하지 않을 수 없다. 또 X1에서 또 하나의 별 쪽으로 가스가 흘러가듯이 보인다. 약 40년 전에 예측되었으며, 게다가 60년쯤 전에 수식으로서 제안된 것이(1916년의 일반 상대론을 가리킨다) 1970년대에 거의 확실하게 된 셈이다.

백조자리 이외에도 몇 개의 블랙홀 비슷한 것이 확인되고 있다. 아마도 우주에는 더 수많은 블랙홀이 존재할 것이다. 우리 은하계에만 해도 2,000억 개나 되는 항성이 있다. 질량은 서로 끌어당기고 별 자체는 자신의 무게로 폭발적으로 축소된다는 점을 생각하면 은하계의 특히 그 중심부 근처에는 상상하는 이상으로 수많은(또는 거대한) 블랙홀이 존재할 가능성이 있다.

블랙홀이란 무엇이든 모조리 삼켜 버리는 무서운 구멍이라고 말한다. 이런 것이 지구 가까이에 온다면 그야말로 큰일일 텐데 그런 걱정은 없을까?

[답] 블랙홀이 지구에 접근한다면 확실히 큰일이다. 정면 충돌 아니고 궤도가 다소 어긋나더라도 둘 사이의 인력 때문에 일단은 연성처럼 서

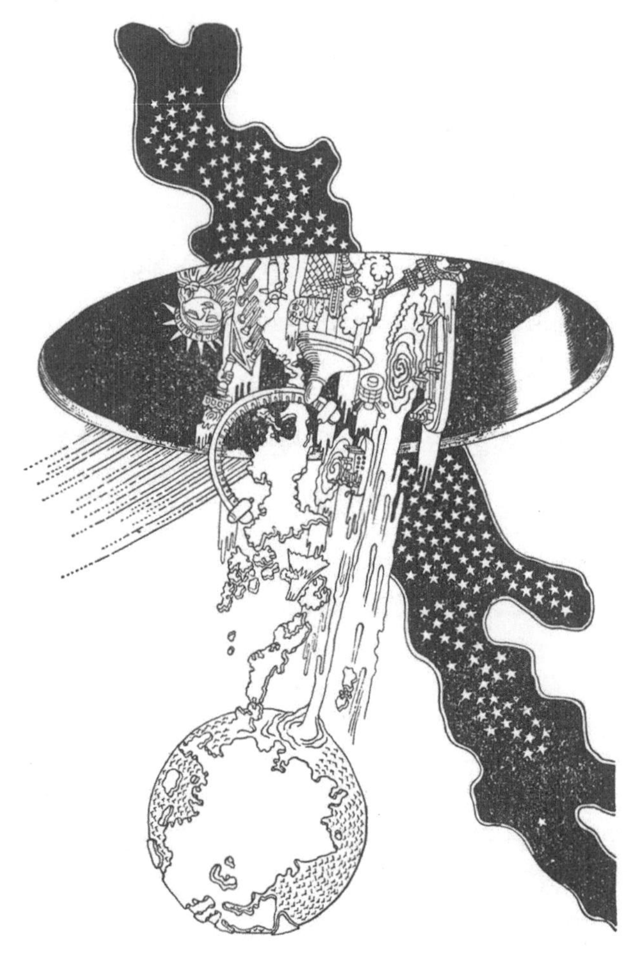

그림 3-1 | 블랙홀의 접근

로 중심 주위를 회전하게 될 것이다. 하기는 블랙홀 쪽이 훨씬 무겁기에 (정확하게 말하면 질량이 크다) 실제는 블랙홀 주위를 지구가 공전하게 된다. 태양 주위를 지구가 공전할 때는 평소에 경험하듯이 인간을 비롯한 동식물의 생존에 꼭 들어맞는 열이나 빛을 받게 되지만, 상대가 블랙홀이면 그렇게는 되지 않는다. 상대방의 굉장한 인력 때문에 지구 위의 물체(건조물, 선박, 수목, 바닷물 나아가서는 공기도)들이 자꾸만 블랙홀에 빨려들어갈 것이라고 각오해야 할 것이다.

1910년에 핼리 혜성이 지구에 접근한다고 하면서 큰 소동이 벌어진 적이 있었다. 공간에서 두 물체가 충돌한다는 것은 확률적으로 지극히 드문 일이다.

고사포의 탄환이 비행기에 맞는 것은 군함끼리의 포격전이나 육상에서의 야전의 포격보다 훨씬 효율이 낮은 것은 예로부터 상식으로 되어 있다. 그렇기는 하나 항공기끼리의 충돌도 결코 드문 일은 아니므로 이런 의미에서 조금도 방심할 수는 없다.

그런데 핼리 혜성은 일단 지구를 향해 달려오므로 세상이 떠들썩한 것도 무리는 아니지만, 멀고 멀리 저편에 있는 블랙홀이 지구에 접근할 일은 거의 100% 생각하지 않아도 된다. 옛날 중국의 기(杞)라는 나라 사람들이 하늘이 무너지지 않을까 걱정하여 이를 따라 기우(杞憂)라는 말이 생겼다고 한다.

이처럼 블랙홀에 의해 지구가 괴멸하리라 따위의 이야기는 그야말로 기우이다. 블랙홀이 움직이고 있다고 하더라도 그것이 어떻게 이동하고 있는지 도무지 알 수 없다. 가령 광속도에 가까운 속도로 지구를 향해 온다고 하더라도 그것은 수만 년 미래의 이야기다. 고작해야 SF의 재료로 쓰이는 정도일 것이다.

우리는 이와 같은 비현실적인 이야기보다도 블랙홀이 실제로 존재하는가, 만약 존재한다면 그것은 어떤 구조이며, 어느 정도의 비율로 우주 공간에 분포해 있는가, 또 수백억 년 동안 그것이 계속 증가하는가…… 따위의 상식을 넘어서는 문제일지라도, 그 자체가 물리학(또는 천체 물리학)의 중요한 한 요소임을 충분히 인식해야 한다는 점에 특히 주목해야 할 것으로 생각한다.

블랙홀을 만드는 천체는 밀도가 엄청나게 크다고 알려져 있다.
그렇다면, 그 천체를 원자로 이루어진 물체라고 생각해도 되는
걸까?

[답] 확실히 보통 말하는 "물체"는 원자가 모인 것이다. 특히 고체는 원자가 밀접하고 빽빽하며 질서정연하게 늘어서 있다. 따라서 그 밀도는 원자 1개의 무게와 원자의 배열 방법, 바로 이웃에 있는 원자와의 거리 등에 의해서 결정되며, 철이 8, 납과 은이 11, 금이 19(g/cm^3)이다. 즉 금은 같은 부피의 물보다도 19배나 무거운 셈이며, 만약 금덩어리를 들어

보면 작은 것에 비해서 무거운 데 놀랄 것이다.

그런데 밀도가 1만에서 100만 정도인 백색 왜성이 되면, 지구 위나 땅속의 고체와는 달리 원자와 원자의 간격이 극도로 좁아진다. 원자는 중심에 원자핵이 있고 그 주위를 전자가 둘러싸고 있는데, 백색 왜성에서는 강한 압력 때문에 전자가 매우 압축되어 원자핵에 달라붙어 있는 상태라고 볼 수밖에 없다.

또, 백색 왜성이 자신의 중력으로 더욱 압축되면 전자는 원자핵 속으로 들어가 양성자와 결합하여 중성자가 되고, 결국 원자핵만의 덩어리가 된다. 이렇게 중성자로 이루어진 커다란 천체를 중성자별이라고 하며, 그 밀도는 1조 이상에 달한다. 다만 이 별의 중심부에서는 밀도가 가장 커서, 1,000조 정도로 추정되며, $1cm^3$의 무게가 약 10억 톤에 이른다.

1960년 후반에 이르러 중성자별의 연구가 더욱 추진되었다. 이에 의하면 질량은 태양의 기껏 2배 정도 따라서 반경은 $10km$라는 작은 것이다. 그러나 관점을 달리하면 하늘에 거대한 원자핵이 떠돌아다니고 있다고 표현할 수도 있다. 이 이상의 질량을 가진 천체는 더욱 짓눌려서 압축되고, 중심 밀도가 중성자별의 1,000배가 되면 이제는 빛도 탈출할 수 없는 덩어리, 즉 블랙홀이 된다.

보통의 고체에서는 두 개의 원자가 같은 위치를 차지할 수 없기에 "크기"라는 것이 실제로 있다. 두 개의 원자가 같은 위치에 올 수 없는 이유는 원자핵 주위의 전자가(좀 부정확한 표현이 되지만) 양자역 학적인 효과에 의해 동일 공간을 차지할 수 없기 때문이다. 이것을 파울리의 배

타율이라고 한다. 그런데 중성자별이나 블랙홀을 만드는 천체에서는 전자(電子)가 아니고 훨씬 더 작은(달리 말하면 공간을 적게 차지하는) 중성자가 동일 공간에 있을 수 없다는 점 때문에 밀도가 높은 덩어리가 된다.

동그란 구슬이 많을 경우, 어느 정도의 크기까지는 차곡차곡 채워 넣을 수 있지만, 그 이상은 결코 더 압축할 수 없다. 그러나 원자를 밀착시켜 배열하거나, 중성자가 빽빽하게 눌어붙을 때는 그 메커니즘이 고전 역학적인 구슬의 경우와는 전혀 다르다고 생각해야 한다.

이 때문에 중력 붕괴(자신의 중력에 의해 일그러지는 현상)가 일어나 압축된 천체의 중심부에서는, 양자론적인 힘(파울리의 배타원리)을 극복하고 중성자들이 극도로 눌어붙은 상태가 된다. 어쨌든 이런 천체의 중심부 구조는, 우리 주변에 존재하는 고체의 구조와는 전혀 다른 메커니즘을 가지고 있다고 하지 않을 수 없다.

블랙홀에 특이점이 있다고 하는데, 무엇이 무엇에 대하여 특이하다는 것인가?

[답] '특이점'은 원래는 수학 용어이다. 수학에서는 변수 x가 변하면 이에 따라서 y도 변해 간다는 "변화 방법"을 공부한다. 이 경우 y를 x의 함수라고 부르는 것은 잘 알고 있을 것이다. 그런데 x를 보통으로 변화시

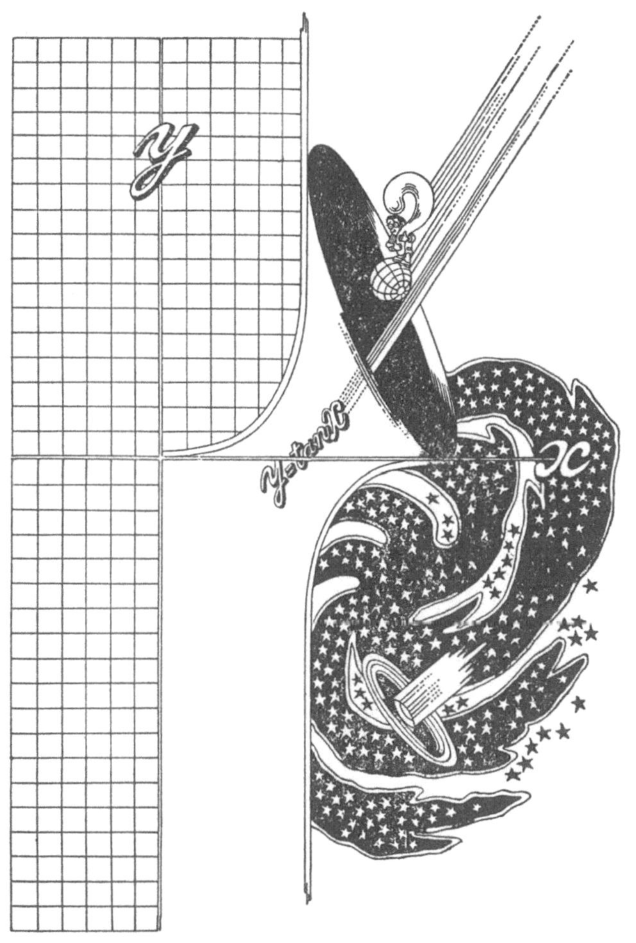

그림 3-2 | 특이점이란?

켰을 때 y가 터무니없는 값이 되는 일이 일어났다면, 그때의 x의 값을 특이점이라 한다. "터무니없는 값"이라 해서는 알기 힘들 것이다. 예를 들기로 한다.

$$y = \frac{1}{x-2} \quad \text{또는} \quad y = \frac{1}{(x-2)^2} \quad \text{등.}$$

이들 함수에서 $x=2$인 때, y의 값은 1을 0으로 나누는 것이 된다. 0으로 나누는 것은 수학에서는 허용되지 않는다. 그렇기에 이 경우 y는 터무니없는 값이며, "그렇게 만드는" $x=2$라는 수가 특이점이 된다.

또 하나의 예를 들겠다.

$$y = \tan x$$

라는 삼각함수를 생각해 보자. x가 30도이건 60도 이건 y의 값은 정해진다. 그런데 x가 90도가 된다면 어떨까? x와 y의 그래프를 그리면 x가 89도쯤서부터 서서히 증가하면 y는 얼마든지 커진다. 이때 x는 90도 y는 무한대라고 한다. 그런데 이 함수는 "좀 별나서" x를 91도에서부터 서서히 작게 해 가면 y의 값은 마이너스이며 절댓값은 이것 또한 무한대가 된다.

그러므로 x가 89도에서 91도에 걸쳐 연속적으로 변하는 도중, 함수 y는 플러스 무한대에서부터 마이너스 무한대로 도약(?)하는 기발한 행동을 한다. x가 90도인 점은 실로 기괴한 장소이며 이런 것도 특이점의 하나다. 방정식(방정식이라고는 하나 물리법칙 등을 나타내는 미분 방정식을 말한다)을 풀어서 x와 y의 관계를 구할 때 특이점이 있느냐 없느냐에 대해서는 충분히 주의하여야 한다.

그런데 아인슈타인의 방정식에는 여러 가지 풀이(답)가 있다. 답이 많다는 것은 얼핏 보기에 우스운 얘기 같이 생각되지만, 미분형으로써 주어지는 방정식에는 많은 풀이가 있는 것이 보통이다. 그중 무엇이 옳은지는—물리학의 문제인 한—실험 사실과 비교하여 결정하는 이외에는 방법이 없다.

그런데 블랙홀에 관해서는, 아인슈타인의 방정식을 풀어 블랙홀을 이끌어 내는 여러 가지 방법이 있다.

좀 더 솔직히 말하자면, 아인슈타인의 방정식을 만족하는 블랙홀에는 여러 형태가 존재한다는 뜻이다. 그중 가장 단순한 것이 바로 '슈바르츠실트 해(解)'다. 이 풀이에 따르면, 이른바 슈바르츠실트 반경이라 불리는 구면 부근에서는 빛조차 삼켜 버릴 만큼 중력장이 강하지만, 그 세기가 아직 무한대는 아니다.

블랙홀 중심부에서 중력장, 즉 g의 값이 비로소 무한대가 된다. 따라서 슈바르츠실트식 모형에서는 블랙홀의 중심이 '특이점'이 된다.

'무엇이 무엇에 대해 특이한가?'라는 물음에 대해서는, 강한 중력장의 성질을 수식적으로 분석해 나갔을 때, 위치(x, y, z)를 변수로 하는 함수—즉, 중력의 값 g—가 특이한 형태를 띠게 된다는 의미라고 답하는 것이 타당할 것이다.

알몸의 특이점이라고 하는 이 "알몸"의 뜻을 설명해 달라.

[**답**] 아인슈타인의 방정식을 풀면 중력장이 매우 강한 장소에서 몇 개의 다른 풀이가 있다는 것을 〈질문 42〉에서 말했다.

슈바르츠실트의 풀이 말고도 좀 더 복잡한 것도 있다. 이를테면 블랙홀이 회전하고 있다면 어떻게 될까? 아인슈타인의 방정식만으로는 이 강력한 중력장이 회전하는지 아닌지 판단하기 어렵다. 이런 경우에는 회전한다고 하는 편이 일반적이다. 각속도가 우연히 제로인 때가 정지이기 때문에 회전은 정지인 경우를 포함하게 된다.

슈바르츠실트의 풀이에서는 빛이 나올 수 없는 면(사상의 지평면)과 빛의 파장이 무한히 길어지는 면(무한적색편이면)과는 전적으로 같았다. 그런데 블랙홀이 회전하고 있으면 사상의 지평면과 무한적색편이면이라는 이 두 면이 엇갈리게 된다. 블랙홀은 자전하는 지구에 비유하면, 그것이 자전하고 있을 때는 특히 적도 부근에서 이 두 면(벽이라고 부르는 것이 적당할지 모른다)은 떨어져 나간다. 그리고 특이점은 중심이 아니고 적도와 동심원의 고리가 된다. 이 고리 위에서는 어디에서나 g의 값이 무한대가 되므로, 더 이상 '특이점'이라는 표현은 어울리지 않는다. 이처럼 강한 중력장이 회전하고 있는 모형을 '커의 해(Kerr solution)' 또는 '커 시공(Kerr spacetime)'이라고 부른다. 이는 뉴질랜드의 수학자 로

이 커(Roy Kerr)가 1963년에 발표한 해로, 아직 '알몸의 특이점(노출된 특이점)'은 아니다.

회전하지 않는 블랙홀이라도 완전히 구형인 것은 아니다. 약간 찌그러진 형태를 가정하면, 이를 설명하기 위한 여러 해석이 제안되어 왔다. 그 가운데 하나가 바일 해(Weyl solution)이다. 헤르만 바일(Hermann K. H. Weyl, 1885~1955)의 해석 방식에 따르면, 사건의 지평면에서도 무한한 적색편이가 나타나지 않는다. 그럼에도 특이점은 여전히 존재하며, 특이점들의 집합 자체가 그러한 면(사건의 지평면)을 대신하는 것으로 간주되기도 한다.

어쨌든 찌그러진 블랙홀에서는 사상의 지평면이라든가 무한적색편이면과 같은 벽이 없이 특이점에 도달할 수가 있다(도달한다고 하지만, 현실의 시공간이 아니고 모형으로 묘사했을 때 도달할 수 있다는 뜻이다). 즉 이 경우에는 특이점은 벽, 달리 말하면 사상이나 무한적색편이와 같은 옷을 걸치고 있지 않다. 알몸의 특이점이란 이것을 말한다. 사상의 지평면이 없는 바일 해도 블랙홀이라고 불러서 되드냐는 의문이 남지만, 역시 이 것도 블랙홀의 무리에 넣어도 무방할 것이다. 블랙홀의 안쪽까지 탐험할 수 있는 것은 아니므로 어느 것이 진실인지는 조사할 길이 없다.

요는 블랙홀은 여러 가지로 조건을 붙여 생각하면 얼마든지 복잡해질 수 있다. 그러니 도저히 한 줄기로 다룰 수 있는 "대상"이 아니라고밖에는 할 말이 없다. 그리고 1972년에는 일본 학자들에 의해 찌그러지고 더구나 회전하고 있다는 해석이 제안되었다.

두 개의 블랙홀이 충돌하면 어떻게 될까?

[답] 현재까지의 관측 결과, 블랙홀로 보이는 천체가 지구에서 관측된 것만으로도 몇 개 있으며, 그중 약 90%는 실제 블랙홀일 가능성이 높다고 여겨진다. 이른바 초미니 블랙홀처럼 극도로 작은 블랙홀은 여기서 제외하고, 항성이 생을 마친 뒤 남긴 마지막 형태로서의 블랙홀만을 생각한다면, 비록 직접 관측되지는 않았더라도 상당수의 블랙홀이 존재할 것으로 예상된다. 우리 은하에만 약 2,000억 개의 항성이 존재하므로, 아직 발견되지 않은 블랙홀이 의외로 많을지도 모른다.

블랙홀이 주위의 먼지를 삼키거나 다른 천체와 연성을 형성하는 것은 거의 확인되고 있는 사항이지만, 블랙홀끼리 충돌했다는 이야기는 아직 들어 본 적이 없다. 그러나 결코 일어날 수 없는 일은 아닐 것이다. 지구에 다른 천체가 충돌할 가능성이 지극히 작다시피 블랙홀끼리의 충돌은 (만약 있었다고 하더라도) 지극히 드문 일에 틀림이 없겠으나 전혀 있을 수 없는 일이라고 잘라 말할 수는 없다. 현실로 있고 없고는 차치하고라도, 1976년에 스마르라는 사람이 블랙홀의 충돌을 수치상으로 구하였다. 이때 충돌하는 두 개의 블랙홀 상태는 어떻게 되어 있느냐는 둥 여러 가지 복잡한 문제가 있으나 적당히 처음의 조건을 설정하여 (이것은 마이너라는 학자의 주장을 채택했다) 사상의 지평면이 어떻게 변해 가는가를 계산했다.

다만 이 경우, 특이점을 모형 속에 넣으면 이야기가 매우 복잡해지기에 특이점이 없는 두 개의 블랙홀을 생각했었다. 특이점이 없는 블랙홀과의 관계, 또는 블랙홀과 화이트홀(white hole)과의 관계를 좀먹은 모형이라고 부르는데 지금은 블랙홀의 접근만을 생각하기로 하자.

계산이 꽤 복잡하기에 결과만 소개하면 두 개의 구슬(여기서 구슬이란 슈바르츠실트의 반경을 말한다)은 접근하여 호리병 모양이 되고 이윽고 타원형이 되어 점점 확대하여 원(실제는 입체이므로 구)으로 되어 간다. 마치 두 개의 물방울이 접촉했을 때 호리병 형태에서 구형이 되어 가는 것과 흡사하다. 물방울의 경우에는 표면 장력 때문에 이렇게 되겠지만, 블랙홀에도 표면 장력에 유사한 것이 있다고 생각한다.

도중의 과정을 상세히 설명하자면 끝이 없지만, 커다란 질량끼리의 가속이 생기기 때문에 당연히 중력파가 발산한다. 그런데 두 개의 (마지막에는 하나로 통합되지만) 거대 질량이 빛, 파동, 물질이 흩어져 도망가는 것을 막고 있으므로 모처럼 발생한 중력파도 그 일부밖에 외부로 퍼져 나가지 못한다. 충돌로 생기는 에너지 대부분은 블랙홀로 되돌아간다.

얼마나 많은 비율의 에너지가 중력파로 방출되는지는, 단순한 수식만으로는 도저히 계산할 수 없다. 현재는 컴퓨터를 이용해 수치 계산이 이루어지고 있지만, 계산 능력에도 한계가 있으므로 스마르(Smarr) 관계에서 산출된 값이 어느 정도 신뢰성을 가지는지는 아직 확실하지 않다. 어쨌든 블랙홀의 충돌이라는 현상은 이론적으로는 매우 흥미롭지만, 현실적인 문제로 받아들이기에는 다소 실감이 나지 않는다.

회전하는 블랙홀이란 어떤 것인지 알기 쉽게 설명해 달라.

[답] 회전 블랙홀을 지구의 자전에 비유하는 일이 있다. 이것은 정지와 회전의 차이를 간단히 이해하기 위한 비유이며 정확하게 인식시키려면 정확하게 설명하여야만 할 것이다.

정지구형의 블랙홀에서는 슈바르츠실트의 면(그것은 사상의 지평면이며 동시에 무한적색편이면이기도 하다)보다 바깥쪽에서 나간 빛은 대부분이 블랙홀의 중심 방향으로 끌린다. 하지만 일부는 바깥쪽으로 도망친다. 라이트 콘을 그리면 〈질문 14〉의 그림과 같이 된다.

그런데 블랙홀은 일반적으로 이처럼 온건한 것이 아니다. 이를테면 블랙홀을 적도면에서 잘라 원형으로 보았을 때, 강한 중력장은 중심 방향에도 작용하지만, 동시에 원둘레의 접선 방향에도 힘을 미친다. 마치 저기압 주위의 바람과 같다고 생각하는 것이 가장 타당할 것이다. 그림은 회전 블랙홀의 적도면을 나타내고 있는데(단면을 위에서부터 본 것), 종이 면의 위쪽이 미래이며, 저편(뒷면)이 과거다. 그림 속에 그려진 작은 원은 라이트 콘의 절단면이고 점은 그 발광원이다.

중심으로부터 떨어진 장소, 그림으로 말하면 큰 원 A의 바깥쪽에서는 발광원은 라이트 콘의 내부에 있다. 점에서 나온 빛은 이윽고 작은 원처럼 확산하는 것을 뜻하므로, A의 바깥쪽에서는 빛은 일단 어느 방

그림 3-3 | 회전하고 있는 블랙홀

향으로도 전파한다. 그렇지만, 빛이 좌회전으로 달려가는 경향이 있다는 것은 작은 원 속의 발광점의 위치를 견주어 보아 납득이 갈 것이다.

그런데 A의 내부에서는 라이트 콘은 상당히 기울어진 원추로 된다. 빛은 반드시 일정 방향(그림에서 좌회전 방향)으로 달리지만, 그림을 위에서 보아 발광점의 위치보다도 늘 콘이 안쪽으로 퍼져 있다는 것은 바깥쪽 방향으로는 빛이 나갈 수 없다는 뜻이다. 즉 A의 면(그림에서는 원이지만 실제는 면으로 되어 있다)으로부터 바깥쪽으로 향하는 빛의 파장은 무한히 길어져 있다는 것을 말한다. 그러나 만약 좌회전의 중력장이 없다면 A의 내부로부터는 바깥쪽으로 향해 빛이 나갈 수 있게 된다. 소용돌이 상태의 중력장이라는 괴물 때문에 나갈 수 있는 빛도 나가지 못한다(정확하게 말하면 바깥쪽으로 향하는 빛의 에너지는 제로가 된다)고 생각하면 될 것이다.

그런데 B 내부의 발광체에서 나온 빛은 설사 중력이 소용돌이 모양으로 되어 있지 않더라도 이미(물론 그 밖의 것도 일체) 외부로 나갈 수가 없다. 이 때문에 B 쪽을 사상의 지평면이라 한다. 또 식을 풀면 지평면에 해당하는 반경이 두 개 나온다. 이것을 B와 B′로서 그려 보았다. 방정식 및 그 해법은 지극히 복잡하여 두 개의 풀이를 각각에 현실 사항과 결부하여 생각한다는 것은 곤란하다.

또 좌회전의 중력장은 중심으로 향하는 데 따라서 강해진다. 정지 때와는 달라서 반경과 직각 방향에도 힘이 작용하기 때문에 중심점에 도달하기 전에 특이점과 만나게 된다. 이것이 그림의 C다. 여기서는 중력은 무한히 커진다. 그렇다면 C의 내부가 어떻게 되어 있느냐. 특이점보다도 더 안쪽에서라면 그곳의 상태는 유감스럽게도 상상조차 할 수가 없다. 그러나 커의 해에 의한 고리 모양의 특이점을 빠져나가면 우주선은 마이너스의 중력 세계로 여행할 수 있다고 하는, 믿기 어려운 주장도 제창되고 있는 것 같다.

블랙홀 근방에 그려진 라이트 콘을 보면 시간축(원추의 중심선)이 곧게 되어 있는데 시간의 휨은 없는가?

[**답**] 블랙홀 근방, 그리고 그 내부에서 공간이 극도로 휘어져 있는데 마찬가지로 시간도 휘어져 있어야 한다. 왜냐하면 상대성 이론은, 바꿔 말하면 대자연은 시간과 공간을 전적으로 평등하게 다루어야만 비로소 정확하게 기술되기 때문이다. 블랙홀과 같은 강한 중력장에서는 3차원의 공간도 휘어지는가 하면 네 번째의 차원인 시간도 휘어져 있다. 그 블랙홀도 여러 가지 형식의 것이 있다는 것은 다른 항목에서도 설명했다. 이를테면 〈질문 45〉에서 회전하는 블랙홀은 생각하면 실로 기묘한 중력장이다. 중력의 방향이 좌회전(물론 우회전이라도 상관없다)이라는 것은 도대체 어떤 것일까? 지구나 태양처럼 그 중심으로 향해 물체가 떨어진다면 경험적으로도 이해가 가지만, 어느 점을 중심으로 하여 이를테면 왼쪽으로만 낙하한다는 것은 중력이라는 것의 상식으로는 좀 생각하기 힘든 일이다.

게다가 시간도 왼쪽으로만 진행한다고 하면 도무지 이유를 알 수 없다.

그러나 블랙홀 자체가 비일상적인 것, 바꿔 말하면 어떤 취향으로도 도저히 실험실 안에서 만들어 낼 수 없다는 것을 생각하면, 이 정도의 상식 밖의 일이 있어도 되지 않을까. 특히 유의하지 않으면 안 될 일은 중심부일수록 회전이 크다는 것이다.

보통 원판을 축 주위에 회전시킬 때는 중심부도, 중심에서 떨어진 곳도 같은 각속도로 돌아간다. 따라서 회전 속도는 중심에서 멀어질수록 커진다. 그러나 은하계 등의 회전은 그렇게 되어 있지 않다. 중심부일수록 빠르고 주변에서는 천천히 돌아간다. 그리고 블랙홀의 회전도 (되풀이하여 말하듯이 회전이라기보다는 시공의 휨이라 부르는 편이 적절하지만) 은하계의 운동과 마찬가지로 중심부일수록 격렬해지고 있다. 그 극한 상태가 특이점인 셈이다.

앞에서 블랙홀의 안팎에 라이트 콘을 그렸었다. 모두 비스듬한 원추로 했는데 질문에도 있듯이 만약 시간이 휘어져 있다면 이와 같은 깨끗한 사원추(斜円錐)는 되지 않으며 아마 더 오묘한 형태의 추형(錐形)을 형성할 것이다. 한 점에서 나온 빛은 2차원의 공간(3차원은 그릴 수 없으므로) 과 1차원의 시공간 속에서 생각지도 않은 방향으로 진행해 갈 것이 틀림없다. 그것이 어떤 형태인지 전혀 모른다. 다만 "짧은 시간"에 한정한다면 사원추가 될 것이 예상된다. 앞의 그림에서 많은 라이트 콘을 그림 속에 그려 넣었으나 어느 것도 다 작게 그려져 있는 것은 위와 같은 이유에서다. 좀 교활한 듯하지만, 정확한 것만을 그린다면 라이트 콘을 과

단성 있게 작게 그리지 않을 수 없다.

특수 상대론에서 민코프스키의 4차원 시공간의 성질을 나타내는 데
는 피타고라스의 식을 사용한다. 일반 상대론에서는 4차원 시공간이 찌
그러져 있으므로, 공간의 매우 작은 부분 부분에서만 피타고라스의 식
이 성립된다고 하고, 일반 상대론의 수식적인 출발점으로 삼는다. 구체
적으로 말하면 특수 상대론의 4차원 시공간에서는

$$(ct)^2 - x^2 - y^2 - z^2 = s^2 = 일정값$$

인데(좌변에 마이너스 항이 있어도 확장 해석하여 피타고라스의 정리라 부르기로
한다) 휘어진 4차원에서는 아주 작은 영역에서(dx 등은 매우 짧게 생각한다
는 뜻이다)

$$(cdt)^2 - (dx)^2 - (dy)^2 - (dz)^2 = (ds)^2$$

이다. 이것과 마찬가지로 휘어진 4차원 시공간에서 라이트 콘을 그릴
경우에는 아주 작은 사원추로 하여야 한다.

질문 47

블랙홀의 털이란 어떤 것인가?

[**답**] 태양의 몇 배 정도의 항성은 수십억 년 동안 계속 연소하여(연소한

다고 하더라도 화학 반응은 아니다. 수소 원자가 결합하여 헬륨 원자로 되는 원자 핵융합을 말한다) 적색 거성이 되고 폭발적으로 수축하여 백색 왜성으로, 다시 중성자별로 그리고 마침내는 블랙홀이 된다고 하는 것이 가장 가능성이 큰 과정이다. 그렇게 되면 우리 은하계에는 2,000억 개나 되는 항성이 있는데, 블랙홀의 수도 상상 이상으로 많을지 모른다. 어쩌면 수만 개, 아니 수억 개가 될지도 모른다. 어쨌든 블랙홀은 항성의 선배이다. 게다가 우리 은하계 밖(마젤란 성운, 안드로메다 성운 그 밖)까지 대상을 확장한다면 그 수는 막대해질 것이다. 그런데도 '거의 확인되었다'고 간주되는 것은 손에 꼽을 정도에 불과하다. 이유는 무엇일까?

블랙홀에서는 어떤 정보도 나오지 않기 때문이다. 그 안에 무엇이 있을 때 그 '무엇'을 직접 측정할 수단이 없기 때문이다. 연성을 이루고 있거나 주변에 먼지가 존재해 그것이 검은 구멍으로 빨려 들어가 사라지는 것처럼 보이기 때문에, 결국 주변에서 드러나는 현상을 통해 추정해 나갈 수밖에 없다. 항성이 블랙홀로 되는 과정에서 우리는 무엇을 알 수 있을까? 보통으로 식을 좇아가면 그 질량(알기 쉽게 말하면 무게)과 회전(이것도 정확하게 말하면 각운동량) 또 하나 가지고 있는 전기량뿐이다. 전기량은 거의 문제가 안 되므로 블랙홀에 대한 지식은 크기와 회전 속도뿐이라고 된다.

이것을 이를테면 우리가 달에 대해 갖고 있는 지식과 비교하면 어떨까? 달에는 어디에 어떤 분화구가 있으며 큰 사막이 어디쯤 있는지를 아주 잘 알고 있다. 달이나 화성, 금성에 대해서는 마치 잘 아는 친구에 대한 것만큼 자세한 지식을 가졌지만, 블랙홀에 관해서는 전혀 아는 바가 없다. 눈도 코도 입도 나아가서는 머리카락조차도 없는 존재, 그것이 블랙홀이다. 하다못해 털이라도 돋아 있다면 그런대로 분간이 갈지 모르나 그 털마저도 없다. "블랙홀에는 털이 없다"라는 것은 이와 같은 의미다. 굳이 말한다면 무게와 각운동량과 전기량이라는 세 개의 털밖에 없다고 생각해도 된다.

블랙홀의 털이란 것은 결코 태양의 코로나나 홍염(코로나의 일부가 높이 타오른 것)과 같은 과학적인 실체가 아니고 정보가 오지 않는다는 것을 비유하여 표현한 것으로 미국의 잡지 『Physics Today』의 1971년 1월 호에 실린 말이다.

광대한 우주 전체를 하나의 블랙홀이라고 생각할 수는 없는가?

[답] 무척 흥미로운 이야기다. 블랙홀이라고 하면 매우 고밀도의 물체가 필요하다고 생각하기 쉬우나 반드시 그렇지는 않다. 더 간단한 모형을 채용하면 슈바르츠실트의 반경 R은

$$R = 2GM/c^2$$

이다. G는 만유인력의 상수이며 c는 광속도, M은 천체의 질량이다. 식

으로부터 알 수 있듯이 슈바르츠실트의 반경은 그 속의 질량에 비례한다. 밀도에 비례하는 것은 아니다. 따라서 작은 천체를 블랙홀로 만들기 위해서는 꽉꽉 채워 넣어야 하지만, 처음부터 질량이 큰 천체라면(작은 천체와 비교하여) 그렇게까지 고밀도로 할 필요는 없다. 참고로 말하면 지구를 압축하여 블랙홀로 만드는 데는(반경 9㎜) 그 밀도가 1㎤당 10^{27}g 남짓하게 할 필요가 있으며, 태양이라면(반경 3㎞) 밀도가 1㎤당 10^{22}g이 되어, 태양 쪽은 10만분의 1이면 충분하다. 그래도 정신이 멍해질 만한 고밀도다.

블랙홀 속에는 천체가 하나여야만 한다는 규칙은 없다. 그래서 아주 대담하게 반경 100억 광년의 구를 가정하고 앞의 식에 대입해 본다. 그렇게 하면 우주 공간의 평균 밀도가 ㎤ 당 10^{-28}g이면 위의 식이 만족 된다는 것을 알 수 있다. 그러나 우주 자체가 유클리드적(휨이 없다는 것)이며 더구나 구의 표면이라는 경계가 있다고 말하는 것은 지금까지의 일반 상대론과는 이야기가 무척 달라지는데, 10의 마이너스 28승(100조분의 1의 또 100조분의 1)의 밀도는 알맞은 정도를 말하는 것으로 생각된다. 〈질문 4〉의 우주는 계속하여 팽창할 것이냐는 문제에서, 우주 밀도가 5 × 10^{-30}g/㎤ 또는 루이스의 설에서 2×10^{-28}g/㎤이라는 값을 소개했었다. 여기서의 문제는 곧은 공간을 생각하여 계산하고 있으므로 곧 이 값과는 연결되지 않지만, 어쨌든 우주 공간의 평균 밀도가 이 정도라는 것은 크게 있을 법한 이야기다.

만약 슈바르츠실트식의 사고방식을 적용하면 우리는 반경 100억 광년 남짓한 블랙홀 속에 있으며, 그 외부에는 빛까지 포함하여 아무것도 나갈 수 없다는 결론이 나온다. 어떤 의미에서는 폐쇄 사회(?)다. 그러나 외부에서는 정보가 들어온다. 그렇지만 우주의 지평선 저편은 아무것도 보이지 않기 때문에 100억 광년의 슈바르츠실트 반경을 생각하더라도 실제는 전혀 의미가 없게 된다.

가령 "이 세상"이 블랙홀이라면 그 바깥쪽에는 무엇이 있을까? 이 엄청나게 큰 블랙홀로부터는 아무것도 나가지 못한다. 외부의 인간은 (만약 그런 것이 있다면) 이것 또한 어찌해야 할지 막막해질 것이다. 블랙홀 이라는 어쩔 수 없는 커다란 벽이 가로막고 있으니 말이다.

반우주란 어떤 것을 말하는가?

[답] 공식적으로 반우주(反宇宙)라는 말은 없다. 보통 반우주라고 하면 반입자(反粒子)로써 이루어진 우주를 말하는 것 같다. 물질은 작게 분할 하면 원자에 이르고 다시 소립자에 도달한다. 전자, 양성자, 중성자 등 말고도 많은 중간자(中間子: meson)나 무거운 입자(바리온)가 있다. 그리 고 이들 소립자에는 반입자가 있다. 이것들은 정식 명칭이다.

처음에 전자의 반입자인 양전자가 디랙에 의해 이론적으로 예언되 었으며 후에 앤더슨에 의해 발견되었다. 질량은 전자와 같고 양전기를 띠고 있는데 전기량도 전자와 같다. 그 후 대전입자 가속기(이를테면 사이클로트론) 등이 차츰 대형화하면서 여러 가지 반입자가 발견되었다.

가장 보편적인 양성자나 중성자에도 반입자가 있다는 것을 알게 되었다. K중간자나 Λ입자, Σ입자와 같이 수명이 짧아 일반에게는 친숙성이 적은 입자에도 역시 반입자가 존재한다. 여담이 되겠으나 소립자론에서는 이 "친숙도의 정도"를 수치로 나타내어 그것을 기묘도(奇妙: 스트레인지네스)라 부르며 보편적인 양성자나 중성자(나아가서는 π 중간자도)는 0, 약간 친숙성이 없는 K중간자나 Λ입자는 1이나 -1(한쪽이 입자이고 한쪽이 반입자), 좀 더 친숙해지기 힘든 Ξ입자 따위는 2나 -2로 한다. 중성자나 Λ입자는 전기를 갖지 않은데 기묘도가 플러스냐 마이너스냐로 반입자를 식별한다.

또 광자(빛을 입자로 보아)나 전기가 없는 π 중간자에는 반입자가 없는데, 반입자가 존재하지 않는 것이 아니라 자신이 반입자까지도 겸하고 있는 것으로 생각한다.

그런데 자연계에는 전자가 많이 있지만, 양전자는 이것에 비해 훨씬 조금밖에 없다. 우주선(宇宙線) 등의 강한 에너지로 공간에 전자와 양전자의 쌍둥이가 발생하는데, 양전자는 이윽고 전자와 결합하여 에너지가 되어 버린다. 반양성자나 반중성자와도 좀처럼 만날 수가 없다.

이치상으로는 입자와 반입자를 차별할 까닭은 조금도 없다. 둘이 공존하면 충돌하여 커다란 에너지로 변하고 만다. 그렇다면 양전자, 반양성자, 반중성자 따위로 원자나 분자가 형성되고 있는(반원자니 반분자니 하고 부르는 것이 나을지 모른다) 세계가 있다고 해도 조금도 지장이 없을 것이다. 이와 같은 세계를 반우주라 부르기로 한다.

반우주는 존재하지 않는 것일까? 아니면 보통 우주와 마찬가지로 어딘가에 (보통 우주와 같이 예사로운 얼굴로) 떡 버티고 있는 것일까? 유감스럽게도 현재로는 전혀 알 수가 없다.

〈질문 48〉에서 우주 전체를 블랙홀이라고 간주하는 따위의 사고방식을 해 보았다. 그 바깥쪽에도 또 하나의 우주가 존재한다는 것은 흥미를 끄는 이야기다. 그것이 반우주라는 성급한 말은 하지 않겠지만, 어쨌든 우리가 모르는 일들이 아직도 많다고 생각하여야 한다.

질문 50

웜홀이란 어떤 것인가?

[**답**] 'Wormhole'을 우리말로 옮기면 '좀먹은 구멍'이다. 모형으로 말하자면 우주 공간을 사과의 표면에 비유하고, 그 사과의 내부가 벌레에 먹혀 가느다란 긴 구멍이 되어 있어, 한쪽 구멍의 입구 A에서 그 벌레가 먹은 튜브 모양의 부분을 지나 다른 쪽 출구 B로 얼굴을 내밀 수 있다고 생각하는 것이다. 우주 공간 차원을 하나 낮추어서 (즉 2차원으로 하여) 닫혀 있으며 더구나 유한하다면, 사과의 표면만 이 "이 세상"이며 좀먹은 구멍을 생각하는 것은 공정하지 못하다. 이런 까닭으로 좀먹은 통로라

든가 그 입구나 출구, 또는 이 통로를 빠져나간다는 사고방식은 너무 독특해 보인다.

천체물리학이나 우주론의 연구에서는 블랙홀의 존재까지는 거의 확실시되고 있다. 관측을 통해 그와 비슷한 것이 존재한다는 사실이 큰 뒷받침이 되고 있기 때문이다. 또 방정식을 풀어 블랙홀이 존재하는 해(풀이)를 이끌어 내는 것도 결코 부자연스러운 일은 아니다. 그러나 그 이상의 일들, 이를테면 '좀먹은 구멍'이나 그 출입구 이야기로 넘어가면, 그것이 실제로 존재한다고 바로 말하기는 어려운 것 같다. 공상이나 상상이라고 하는 편이 (적어도 현 단계에서는) 더 적당할지도 모른다.

하지만 블랙홀도 10년쯤 전까지만 해도 그리 화젯거리가 되지 않았었다. 당시에는 이론적인 지지가 있기는 했지만, 빛마저 삼켜 버리는 천체라는 것은 일부 사람을 제외하면 꿈같은 이야기로 여겨졌을 터이기 때문이다.

이런 까닭으로 웜홀도 단순한 꿈같은 이야기로만 치부할 수는 없을지 모른다. 실제로 아인슈타인 자신이 1935년에 물리학자 로젠과 함께 이러한 통로가 존재할 수 있다는 내용을 논문으로 정리했다고 한다. 순간적으로 같은 우주의 다른 지점으로 이동할 수 있는 이 통로를 그들은 '다리'라고 불렀다.

아인슈타인-로젠의 다리는 그로부터 약 30년 뒤, 휠러라는 사람에 의해 '웜홀'이라고 명명되었다. 당시에는 이미 블랙홀에 대한 연구가 이루어지고 있었으며, 휠러는 그 한쪽 입구를 블랙홀, 다른 쪽 출구를 화

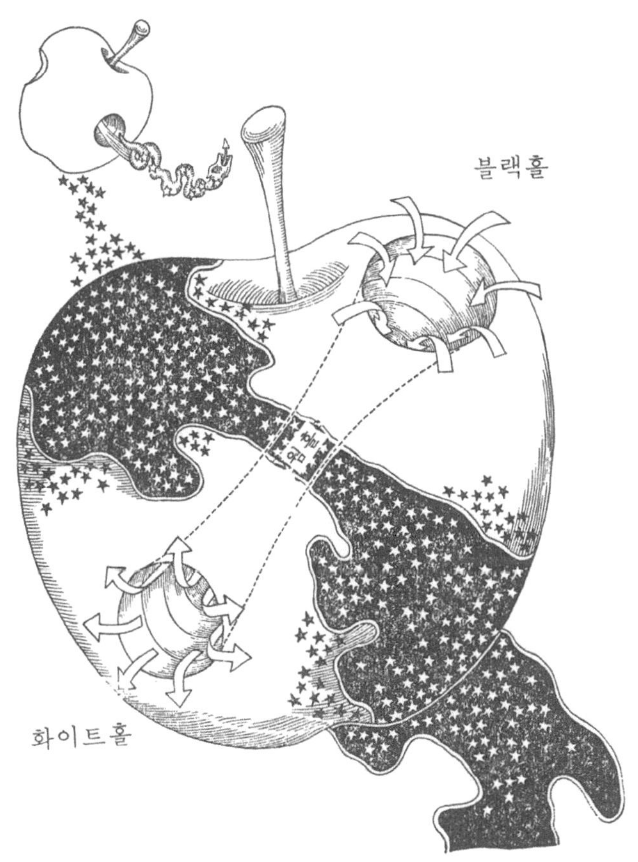

그림 3-4 | 웜홀

이트홀이라고 생각한 듯하다.

그림은 모형적으로 그린 것이지만, 이런 간단한 도식만으로도 금방 알 수 있는 것은 블랙홀(그리고 화이트홀 역시)이 특이점을 갖지 않는다는 점이다. 특이점이라는 기묘한 지점에 부딪치면 웜홀을 빠져나간다는 것은 애초에 상상도 할 수 없다.

실제 블랙홀에는 특이점이 있으므로, 그런 의미에서 그림(점선)처럼 단순한 튜브가 웜홀을 나타낸다고는 보기 어렵다. 또 한쪽이 입구이고 다른 한쪽이 출구, 즉 웜홀 내부가 일방통행으로 되어 있을 텐데, 사과에 구멍을 뚫어 놓았다는 비유만으로는 일방통행로라고 말할 수 없다.

어쨌든 웜홀이란 블랙홀 속으로 뛰어든 물체가 화이트홀로 튀어나오는 통로를 가리키며, 그 통로를 '좀먹은 튜브'에 비유한 것이다.

하이퍼스페이스, 슈퍼 스페이스란 무엇을 말하는가?

[답] super도 hyper도 우리말로 옮기면 "초"(超)라는 글자에 해당한다. 또 하나 ultra라는 말도 "초"에 해당한다. space는 공간이다. 질문의 두 가지 말은 다 "초공간"이라고 번역하는 것이 옳을 것이다.

그런데 이 초공간은 〈질문 50〉에서의 웜홀과 거의 같다고 생각해도 된다.

우주 공간의 한 지점에서 매우 멀리 떨어진 또 다른 지점으로 순간적으로 이동한다는 발상은, 19세기 말의 웰스(H. G. Wells, 1866~1946)의 SF 소설과는 다른 관점에서 어느 정도 과학적 근거를 도입해 아시모프(I. Asimov, 1920~1992)에 의해 제시되었다. 물론 아시모프는 과학자이면서 동시에 작가이기도 했으며, 1942년에 '하이퍼스페이스'라는 말을 사용한 것은 SF 속에서였다. 로켓 같은 수단으로 먼 별에 가는 현실적인 방식(로켓으로는 수만 년이 걸려도 도달할 수 없다)을 버리고, 한걸음에 100억 광년 너머로 이동하는 것이다. 그러기 위해서는 우리가 아는 보통의 공간이나 시간, 혹은 물질이나 에너지 같은 물리적 상식과는 다른 '무엇인가'의 내부를 돌파해 간다고 가정한다. 그 통로를 그들은 하이퍼스페이스, 즉 초공간이라고 불렀다.

나중에 휠러가 제창한 웜홀은 이러한 공간과 유사한 개념이다.

1962년에 수학자 휠러가 아시모프와 같은 생각으로 이 비약해 가는 스페이스(보통 공간과 구별하기 위해 스페이스라 부르기로 한다)를 슈퍼 스페이스라 일컬었다. 이 특수 공간에서는 스페이스의 한끝에서 다른 끝까지 순식간에 비약할 수 있을 것 같다. 마치 웜홀을 한걸음에 통과하는 것과 같다. 하이퍼스페이스나 슈퍼 스페이스는 그 통로를 중시한 호칭이다. 웜홀과 마찬가지로 일방통행인지 아니면 어느 방향으로도 비약할 수 있는지, 아직도 SF적인 색깔이 남아 있으므로 이것은 작가의 의향을 따를 수밖에 없다.

토폴로지(topology: 위상기하학)에서는 다차원 공간(16차원, 98차원 등)

을 가리켜 슈퍼 스페이스라 부르기도 하지만, 여기서는 어디까지나 물리적 공간을 생각하기로 하자. 휠러와 마찬가지로 노비코프와 크르츠 등도 공간 내에서의 비약적 이동을 고안했지만, 그보다 더 흥미로운 것은 니코뎀 포플라브스키의 해이다.

그의 주장에 따르면 블랙홀에는 사건의 지평선이 이중으로 존재한다. 이러한 블랙홀(즉 시공간이 극단적으로 휘어진 경우)은 A, B, C… 등으로 많이 존재한다. 물체는 먼저 A 블랙홀의 바깥쪽 사건의 지평선으로 진입한다. 이어 안쪽 지평선도 통과하여 이중 구조 내부로 들어간다. 그곳 중심부에는 특이점이 있는데, 특이점과 접촉해서는 안 된다. 만약 접촉하면 물체는 즉시 B 블랙홀 내부로 이동하게 된다. 바꿔 말하면 블랙홀 A와 블랙홀 B의 가장 안쪽 부분은 서로 접하고 있는 것이 된다. 그리고 물체는 B의 안쪽 지평선, 다시 바깥쪽 지평선을 통과하여 보통의 공간에 나타난다. 최초와 최후의 상태(라기보다는 위치)를 보면, 물체는 참으로 기묘한 경로를 통과하여 저 멀리 떨어진 곳에 나타나게 된다.

하이퍼스페이스, 슈퍼 스페이스라는 말이 처음 제창되었을 때는 블랙홀의 이중벽이라는 사고방식은 없었지만, 억지로 연관 지어 보면 이것이 초공간의 정체라고 말할 수 있을 것 같다.

어쨌든 이 초공간은 몇 차원이냐, 시간 쪽은 어떻게 휘어져 있느냐, 물질이나 에너지는 어떻게 되어 있느냐, 현재의 지식으로는 도무지 과학적으로 설명할 수 없다. 그보다도 〈질문 6〉에서의 워프 항법 쪽이 단순하고(과학성을 배제하는 한) 알기 쉬울 것이다.

144

화이트홀이란 무엇인가?

[**답**] 문자 그대로 검은 것의 반대는 흰 것이므로 한마디로 대답하면 블랙홀의 반대의 성질을 가진 구멍이 된다. 그러나 블랙홀이 실재한다고 취급되는 데 반해 화이트홀 쪽은 아직 가상의 영역을 벗어나지 못한다. 현재로는 사고상의 산물이므로 어떤 과정으로 그 사고방식에 도달했느냐가 중요한데 여기에는 두 가지 해석이 있다.

① 블랙홀은 모든 것을 삼켜 버린다. 물체(빛까지 포함하여)의 위치를 시간 t의 함수로서 기술하면 t가 작을 때(과거)보다는 t가 큰 경우인 쪽이 반드시 물체는 구멍에 접근해 있다. 하기는 그것을 외부의 시간으로 측정하면 사상의 지평면 부근에서 동작이 매우 느리어지기는 하지만……. 다만 뛰어드는 물체 내의 시간에 의하면 "더디다"는 것은 느껴지지 않는다.

그런데 시간 t라고 하는 것은 물체의 움직임을 기술하는 변수의 하나이며 t를 $-t$로 바꿔 놓아도 역학적인 식, 즉 뉴턴의 식, 아인슈타인의 식은 만족이 될 것이다. 동서에 본질적인 차별이 없듯이 소립자의 경지까지 이야기를 따져서 생각하면, 이를테면 두 입자의 충돌 전후를 뒤바꿔 놓아도 이야기는 성립된다.

그렇다면 과거와 미래를 완전히 뒤집어 놓아도 같게 된다. 그렇게 된다면 모든 것을 뱉어 내는 구멍이 있어도 되는 것이 아니냐는 생각이 든다. 이것이 화이트홀이다. 무엇이건 다 나온다고 하는 불가사의한 구멍이다.

② 웜홀 또는 초공간과 같은(불가사의한) 것의 존재를 가정한다면, 한쪽으로부터 들어가서 다른 쪽에서 나오게 된다. 그러면 당연한 일로 출구가 필요하게 된다. 입구만이 있고 출구가 없다는 것은 이상하다는 사고방식에 준거하는 셈이다. 블랙홀의 수와 같은 만큼 화이트홀이 있어도 이상하지는 않다. 이것도 화이트홀의 존재를 지지하는 이유의 하나다.

이상과 같은 두 가지 이유로 블랙홀의 존재로부터 당연히 그 짝이 될 화이트홀이 생각되었다, 그러나 블랙홀만큼 확실한 것은 아니다. 그럴듯한 것이 관측되었다는 이야기도 듣지 못했다. 어째서 블랙홀만이 클로즈업돼 왔을까. 그것은 질량 사이에 인력은 있어도 척력(斥力)이 없다는 사실에 의한 것이 아닐까? 만유인력으로 물질도 빛도 무한히 흡수한다는 것은 생각할 수 있다.

그러나 만유척력(萬有斥力)이라는 것은 없으므로 물질을 자꾸만 배제하는 기구는 생각할 수 없다. 여기가 전기력이나 자기력과 다른 점이다. 있는 것은 과연 블랙홀뿐인지 화이트홀도 마찬가지로 생각할 수 있는 것인지 무척 어려운 문제이다.

만약 화이트홀이 존재한다면 그것은 어떻게 하여 발생했을까?

[**답**] 블랙홀 쪽은 강력한 중력장이라고 설명할 수 있다. 만약 태양의 몇 배 정도 되는 질량의 별이 블랙홀이 된다면 1㎤당 질량이 수억 톤이나 되리라는 상식을 초월한 수준을 생각하여야 할 테지만 이것은 어디까지나 "양적"인 의미에서의 초현상(超現象)이다. 생각하기 어려운 일이기는 하나 양(이 경우는 밀도)이 극단적인 값을 취한다고 하는 것은 결코 불가능한 이야기가 아니다.

이에 대해 화이트홀은 지금까지의 물리적 법칙에 대해 "질적"인 차이가 있다. 만유인력은 있으나 만유척력이라는 이야기는 들은 적이 없다. 그렇다면 "거대한 척력이 거기에 있다" 등의 형식적인 설명은 아무 의미도 갖지 못한다. 설명에는 설명 나름의 근거가 필요하다.

이런 까닭으로 블랙홀에 대해 화이트홀 쪽은 단순한 사고적인 산물이라 할 수 있을지 모른다. 그러나 화이트홀에 해당하는 것으로 우리가 알고 있는 것이 딱 하나 있다. 그것은 빅뱅이다. 가모프가 단시간에 거대한 폭발을 하는 우주의 시초를 생각했다는 사실은 이미 다른 항목에서 설명했다. 이 대폭발은 당연히 분출뿐이다. 흡입 없이 방출만 한다는 점에서 블랙홀과는 반대 성향이며 이를 화이트홀이라고 말할 수 있게 된다.

블랙홀은 현재 우주 공간에 존재할 가능성이 크다고 보는데 화이트홀은 여러 가지 종류의 망원경을 구사해도 그럴듯한 것이 발견되지 않는 것이 사실이다. 이런 의미에서 화이트홀은 블랙홀처럼 "수없이 존재하는 것"으로 받아들여지지 않는다. 마치 양전자나 반중성자가 각각 전자나 중성자와 전적으로 대칭의 성격을 가지면서도 현실의 "이 세상"에는 지극히 적다는 이야기와 아주 비슷하다. 어느 쪽도 다 대칭이기는 하지만, 현실적인 현상은(알기 쉽게 말하면 이 세상에 존재하는 수는) 한쪽이 다른 쪽을 훨씬 능가하고 있다는 점이 유사하다.

그러나 반입자와 화이트홀을 같은 입장으로 보는 것은 너무 일단락하는 것이다. 반입자는 일반적으로 반대의 전기를 가지고 있으나 양의 전기도 음의 전기도 이 세상에는 엄연히 존재한다. 그러나 화이트홀은 아무것도 다가오게 하지 못하는 커다란 척력을 가지게 되는데, 질량에 의한 반발력은 아직 발견되지 않았다. 아마도 질량이란 한편에서는 관성(慣性)의 근원이며 다른 한편에서는 만유인력만을 일으키게 하는 것이리라.

가령 화이트홀이 빅뱅을 말한다면 빅뱅이 여러 번 있었다고는 생각할 수 없는가?

[**답**] 가모프가 제창한 빅뱅은 단 한 번밖에 없다. 그 빅뱅이 팽창하여 백수십 억 년을 거쳐 현재의 우주를 형성하고 있는 셈이다. 그의 주장에

따르는 한 빅뱅은 한 번밖에 없지만, 좀 더 사고방식을 확대하여 보자.

그림에서는 세로축에 시간 ct를, 이에 수직인 방향으로 공간을 취하고 있다. 가령 O점을 빅뱅이라 하자. 거기서 나온 빛은 비스듬히 45도의 방향으로 진행하여 라이트 콘을 만든다. O점에 있어서는 미래는 그림의 A영역을 말한다. 그런데 O점의 과거는 그림의 B와 같이 하나의 영역이 있는지 아니면 빅뱅을 우주의 가장 시초라고 한다면 B 영역은 특이점의 집합인지(특이점의 집합이라는 말은 그리 잘된 표현이 아니다. 요컨대 O보다도 과거인 부분은 그래프에 그릴 수가 없다는 말이다) 여기는 의견이 갈라지는 곳이다. (질문 2 참조) 어쨌든 O에서 보아 A와 B(B 영역이 가령 있다고 하고서)는 시간적 영역, 이것에 대해 영역 C와 D는 공간적 영역이다.

가령 O에 있어서 공간적인 영역에서 달리 빅뱅이 있었다고 하자. 그림에 기입하면 P점과 Q점이 이에 해당한다. 이때 O점과 P 또는 Q점과의 사이에는 아무 정보 교환도 없다. 아무런 인과 관계도 없는 셈이다. 더 쉽게 말하면 시간적 영역 A에 있는 사람은 O에서의 빅뱅만 알고 있다는 것이 된다. P나 Q에서 무엇이 일어나건 알지 못한다. 이런 까닭으로 우리가 알고 있는 빅뱅은 하나지만, "다른 세계"에 빅뱅이 없었다고는 단언하지 못한다.

만약 P'과 같은 빅뱅이 있다면 이것은 우리 세계와 관계가 없지는 않다. 또 P'이 더욱 시간적 영역 속에 있다면 우리는 그 빅뱅을 보거나 장래에 그것을 경험하게 될 것이다. 즉 이 세상에 빅뱅이 둘 이상 존재하게 된다. 그때 P'점의 과거, 그림의 점선으로 그려진 부분은 특이점이

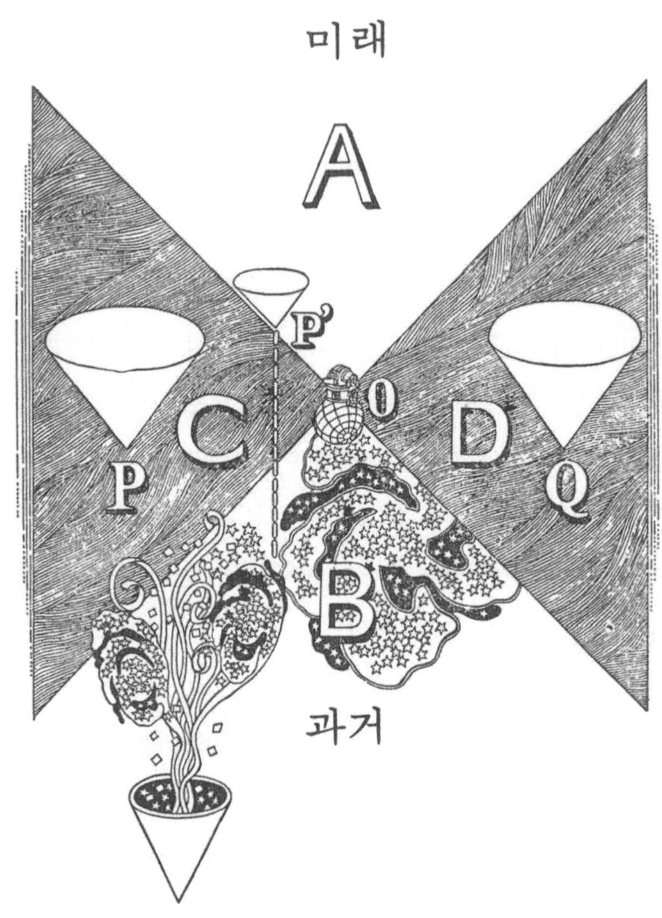

그림 3-5 | 세 개의 빅뱅

될 것이다.

게성운의 대폭발은 1054년에 일어났다는 것이 기록에 남아 있는데 이것은 초신성의 폭발이지 빅뱅과는 전혀 이질(異質)의 것이다.

빅뱅과 화이트홀이 같은 것인지 어떤지는 현재로는 알 수가 없다. 빅뱅은 제쳐 놓고 화이트홀 쪽은 아직 찾아낼 수 없을 뿐이며 우주 공간에 존재하는 것을 전적으로 부정하는 것은 아니다. 먼 곳에 있으면서도 강하게 빛나는 준성(準星: 퀘이사)이 화이트홀이 아닐까 하고 의심하고 있는 사람도 있다.

질문 55

공간은 3차원인데도 어째서 시간 쪽은 1차원인가?

[답] 공간이 왜 3차원이냐는 질문과 마찬가지로 이것도 곤란한 문제이다. "세상이라는 것은 그렇게 돼 있는 거다"라고 대답해 버린다면 가장 간단하지만, 이런 대답은 너무 냉담하지 않은가. 그렇다면 시간이란 무엇이냐는 문제와 맞붙어야만 한다.

시간이란 (앞에서 말했듯이) 자신이 의식하는 때(시간)의 경과이며 아마도 뇌의 어딘가에서 그 세포군이, 더 분석적으로 말하면 분자군이 그 의식을 관장하고 있다는 것일 것이다. 그러나 물리학에서는 일단 두뇌의 작용은 제쳐 두고 좀 더 객관적인 것으로 정의하고 있다. 지구의 공전을 1년, 태양의 방향에 대한 상대적인 자전을 1일로 정하고 있는데, 자전은 다소의 요동이 있으므로 평균값을 취하여 이것을 평균 태양일이라 한다. 그러나 이러한 천문학적인 약속은 반드시 정밀도가 좋은 것은 아니기에 현재는 세습 원자에서 나오는 2개의 방사선의 주파수 차로부터 적당히 역산하여 1초를 정하고 있다.

그런데 우주 시초의 빅뱅을 생각해 보면 그것은 맨 처음 1조℃라는 고온의 에너지의 덩어리였다고 예상된다. 이와 같은 고온하에서는 원자핵과 전자로 원자를 만드는 일은 그야말로 도저히 불가능하다. 최초의 에너지 덩어리로부터 전자와 양성자 같은 소립자가 만들어지고, 그것으로부터 원자가 만들어져 가는 과정에 대해서는 여러 가지 설이 있으나 어쨌든 기나긴 우주의 역사에 대해서 원자가 창조되기까지의 시간은 지극히 짧아서 수십 분 정도였다고 말하고 있다.

원자로부터 나오는 방사선으로 시간을 규정한다면 원자가 만들어지기 이전은 어떠했었느냐는 의문이 당연히 일어난다. 원자가 만들어진 후의 시간을 환산하여 (이와 같이 알고 있는 부분의 값을 모르는 영역에까지 확장하는 것을 '외삽'이라고 한다) 결정해 주는데 최후의 무렵의 1분이니 1초니 하는 것은 이와 같이 감각적으로 의지할 수 없는 부분이 있다.

문제는 시간이 왜 1차원이냐는 것이다. 만약 빅뱅이 등방적이 아니고 방향에 따라 다르게 폭발했더라면, 달리 말해서 x방향, y방향, z방향에 대해 질이 다른 원자가 만들어졌었다면, 어쩌면 시간이 세 종류가 생겼을지도 모른다. 거꾸로 말하면 시간이 한 종류밖에 없다(즉 시간은 1차원이다)는 데서 빅뱅이 등방적으로 일어났다는 것을 알 수 있다. 어쩌면 최초에는—1초의 몇백분의 1이라든가 몇천분의 1이라고 하는 짧은 시간(그 시간이라고 하는 개념이 애매하지만)—방향에 따라서 성질이 달랐다고 하더라도 폭발의 힘으로 평균화되어 방향에 의한 차이가 없어지고 어느 방향으로도 골고루 같은 원자가 만들어졌다. 따라서 시간도 한 종류밖에 이 세상에 발생하지 않았다는 사고방식도 가능하다.

질문 56

만약 시간이 다차원이었다면 그 결과는 도대체 어떻게 될까?

[**답**] 솔직하게 말해서 도무지 짐작조차 어렵다. 가령 빅뱅 때 세로, 가로, 높이(이것을 수학적으로 말하면 x, y, z)의 방향에서의 폭발과 그 결과의 형태가 다르면 시간 그 자체도 달라질 가능성이 있다. 이것은 앞에서 지적한 바 있다. 시간은 같지만, 그 성분이 다르다는 의미에서 세 종류의 시간을 다르게 취급하는 셈이다. 그러나 이것이 무엇을 뜻하는 것인지 도무지 상상되지 않는다.

간단한 비유를 들면 지상을 동으로 간다는 것을 어디까지나 동쪽으로 멀어져 가는 것을 뜻한다. 즉 출발점에서부터 남이나 북으로는 움직이지 않는다는 것이 된다. 또 남북으로만 이동한다면 동서로의 운동은 제로가 된다. 그런데 바둑판의 눈금처럼 구획된 시가지에 차를 타고 갈 때는 좌회전, 우회전도 하기 마련이다. 달리 말하면 북이나 동으로도 자유로이 갈 수 있다. 이를테면 역에서 출발했을 경우 달려간 전체 거리만을 문제로 삼자. 이때의 전체 행정(行程)은 (비스듬한 길로 가지 않는 한) 동과 북으로의 전체 행정의 합이 된다.

그러나 역에서부터 목적지까지의 직선거리는 이 차가 달려간 거리와는 약간 다르다. 직선거리 쪽이 다소 짧으며 거기에 피타고라스의 정리가 성립한다는 것은 금방 알 수 있을 것이다.

이상은 지극히 당연한 일이지만, 만약 시간이 2차원이나 3차원이었다면 마찬가지 이야기가 성립될지 어떨지는 크게 의심스럽다. 공간이 왜 3차원이냐는 것은 여기서는 문제로 삼지 않기로 하고, 시간도 세 방향으로 "다른 차원"으로서 존재한다고 생각한다면 , t_x, t_y, t_z의 세 요소를 들어야 할 것이다. 이들 성분이 어떤 성질을 갖느냐는 것은 (전혀 비현실적인 이야기이므로) SF적인 추리를 작용시키는 수밖에 없다.

누구든 자신의 의사에 따라서 어느 기간 t_x 방향으로 경과한 뒤, 이 시간은 마음에 들지 않기 때문에(바꿔 말해서 이런 시간 경과를 하는 세상은 마음에 들지 않다는 것이 된다) 휘어져서 t_y 시간으로 들어가 버리는 일 따위가 가능할까? 자동차로 도로를 달려가듯이 핸들을 꺾기만 하면 다른 차원의 시간으로 들어갈 수 있을까?

대신 그와 같은 일이 가능하다면 t_z에서 t_y로 들어간 순간, t_z시간에 사는 사람에게는 모퉁이(?)를 구부러지듯 돌아간 사람은 보이지 않게 될까? t_x라는 시간 세계에서 빛에 몰려 이러지도 저러지도 못하게 되면 t_y

시간으로 도망친다는 것도 생각할 수 있다—생각뿐만 아니라 거의 모든 사람이 그렇게 할지 모른다. 또는 t_x 세계에서는 아무래도 성적이 낮은 학생은 서둘러 t_y나 t_z의 세계로 이사를 가서 거기서 좋은 성적을 거둔다는 이야기도 나올 법하다.

또는 t_x 세계에 태어난 사람은 평생을 t_x에서 살게 될지도 모른다. 다른 차원의 시간 세계는 별개의 것이라면 전적으로 관계없는 세계가 병립하는 데 지나지 않는다. 거기에 살고 있는 사람에게는 다른 차원의 세계는 전혀 모르는 것이 될까? 이것은 공간적으로 4차원, 5차원 등의 세계가 있더라도 우리에게는 4차원 이상의 지식이 전혀 없다는 것과 흡사하다. 그와 같은 감지할 수 없는 것이 존재하더라도 전혀 무의미하다고 말할 수 있을 것 같다.

가령 시간이 다차원이라면 비스듬한 방향의 시간 t는 어떻게 될까? 각 성분의 합

$$t = at_x + bt_y + ct_z \quad 단 \quad a^2 + b^2 + c^2 = 1$$

이 되는 형식적인 관계가 존재한다는 것은 알 수 있으나 어떤 사람이 "시간"으로서 각 성분을 조금씩 가지고 있다고 하는 것은 현실적으로는 어떤 것을 말하는 것인지, 차라리 SF 작가의 지혜라도 비는 것이 현명할 것이다.

현대의 사람이 과거로 시간 여행을 하는 것은 전혀 불가능한가?

[답] 인간의 지적 호기심과 욕망은 여러 가지 일들을 생각해 내고 공상을 불태운다.

그러나 인간 정도 크기의 무언가가 수백 년 전의 과거로 되돌아간다는 것은 있다면 SF 세계에서나 있을 일이다. 거리를 나타내는 x축에서는 (x축뿐만 아니고 다른 차원의 y축에서나 z축에서도) 인간은 자신의 의지대로 행동할 수 있다. 물론 하늘 높이 떠오른다면 그 나름의 기술이 필요하고, 다른 천체로 여행한다면 인간은 아직 달까지밖에 도달 못 하고 있다. 그러나 기술적인 개량이라든가 또는 현실성을 포기하고 이론상의 이야기에서라면 어디로든지 갈 수가 있다. 공간은(화이트홀과 같은 특별한 것을 생각하지 않는 한) 인간이 오는 것을 거부하지 않는다.

시간과 공간은 동일하게 논할 수 있다는 것이 상대론의 골자인데, 그 "방향"을 생각하면 아무래도 쉽지는 않다. 과거로부터 미래로 향하는 방향으로밖에는 시간이라는 에스컬레이터는 움직여 주지 않는다. 중력장의 강약에 따라 시간의 경과 속도는 일정하지 않으며 강한 중력장에 있는 것, 또는 큰 가속을 경험한 것은 다른 것에 비교하여 시간의 경과가 더디어진다. 더디어지기는 하지만, 그러나 역방향으로 되는, 즉 과거로 거슬러 올라간다는 것은 상대론을 아무리 들추어도 불가능하다.

영화 '원숭이의 행성'.
우리가 미래의 세계에서 나타난다는 것은 이론상 가능하다.

이론적으로는 초가속도의 로켓으로 (이를테면 1년 동안의) 우주여행을 하고 돌아오면 도중의 가속에 따라서 (이 경우, 가속이든 감속이든, 혹은 등속으로 방향만 바뀌는 경우라도 상관없다) 10년 후, 100년 후 또는 1만 년 후의 지구에 도달하는 것은 가능하다.

보울(P. Boulle)과 몇몇 사람의 작가에 의해 쓰인 시리즈 『원숭이의 행성』(La Planete des Singes, 1963)은 흥미로운 SF의 하나라고 생각한다. 지구에서 출발한 우주비행사가 수백 년 후의 지구로 돌아온다(그 시점에서는 비행사들은 거기가 미래의 지구라는 사실을 모른다. 지능을 가진 원숭이가 사는 행성이라고 확신한다). 원숭이와 싸우거나 친해지며 생존하고 있는 인간과도 싸워서 마침내는 지능을 가진 원숭이를 로켓에 태워 과거의 지구로 되돌려 보낸다. 지구인(즉 현재의 인간)은 지능 원숭이를 경계하고 마침내는 원숭이 모자를 죽이게 되는데, '같은 방에서 기르던 보통 원숭이가 미래의 원숭이로부터 말을 배우고 마침내 원숭이의 세력이 증대하여 인간을 정복한다'는 식으로 끝없이 맴도는 이야기가 전개된다.

이상의 이야기에서 상대론과 모순되는 것은 지능 원숭이를 로켓에 태우고 과거로 돌려보낸다는 점이다. 미래의 세계에 나타난다는 것은 최초의 우주비행사 경우처럼 이론상 있어도 될 일이다.

그러나 반대는 일어날 수가 없다. 반대를 허용하고 『원숭이의 행성』과 같은 밀도 끝도 없이 맴돌기만 한다면 그것은 부서진 레코드처럼 같은 것을 몇 번이고 되풀이하여야만 하는 것이 되지 않겠는가.

메타 은하(Meta galaxy)란 어떤 것인가?

[답] 우주란 무엇이냐? 그 끝은 어떻게 되어 있느냐와 같은 어떤 의미에서는 철학적이라고도 할 수 있는 문제는 사실상 이것이 정답이다 하고 제시할 만한 대답이 없다. 흔히 볼 수 있는 물리현상이라면 실험실에서 시험을 해보고 실험 사실과 부합하는 것을 "진실"이라고 하면 되겠으나 우주의 문제에 이르러서는 그렇게는 되지 않는다. 또 관측범위도 100

억 광년 미만이며 그 앞은 분명하지 않다. 분명하지 않다고 하기보다는 원리적으로 관측이 불가능하다고 해야 할 것이므로, 거기서 우주에 지평선을 설정하고 측정할 수 있는 범위만을 자연과학의 대상으로 삼는 것이 일반적인데, 그래서는 만족할 수 없는 사람도 있다. 어느 쪽 생각이 옳으냐에 대해서는 여러 번 하는 말이지만, 어쩌면 자연과학을 벗어나 철학 영역에 속할 문제일지도 모른다.

〈질문 7〉에서 우주는 유한하다고 말했다. 그러나 이와 같은(이념적인) 우주론에서는 당연히 반대 의견도 나오게 마련이다. 천체가 존재하는 곳만이 우주이며, 그 이외는 아무것도 없다고 하는 우주 유한설(또는 사고의 유한설이라고 하는 편이 적절할지 모른다)에 반대 입장에서 제출된 것이 메타 갤럭시(meta galaxy)이다. 이 주장에 따르면 우리 은하계 말고도 수많은 은하계를 포함하는 특수한 공간이 있으며, 그 바깥쪽은 무한히 텅 빈(공허한) 공간이 이어져 있다고 한다.

galaxy는 '은하'를 뜻하고, 여기에 접속사 meta가 붙어 은하를 포함한 세계보다 더 위에 있는 레벨이라는 정도의 의미가 되는 것일까. 세계의 바깥에는 공허한 공간이 끝없이 이어져 있다는 생각은 감각적으로도 꽤 받아들이기 쉬운 사상이다. 우주는 유한하고 범위가 한정되어 있다는 답답한 개념보다, 끝없이 펼쳐진 공간 속에 우주가 툭 떠 있다는 발상(이때 바깥의 무한 공간까지도 우주라고 부를지, 아니면 가운데 떠 있는 그 부분만을 우주라고 할지는 생각하는 사람의 자유다)은 무척 매력적이다.

그러나 사고는 어디까지나 사고에 지나지 않는다. 과학적인 방법으로 검증하지 않는 한 물리학이라고는 말할 수 없다. 만약 메타 은하설을 취하면 허블에 의해 "실증"된 우주의 팽창을 어떻게 설명하면 될까? 은하계의 어느 부분이 팽창하고 있으므로 다른 부분은 수축하고 있다는 것이 될까? 그러나 메타 은하의 공허한 부분은 무한히 넓다고 되어 있다. 그렇다면 아무리 중앙부에서 팽창이 있더라도 메타 은하는 꿈쩍도 하지 않는 것이 될 것이다. 무한히 넓다는 것은 도대체 어떤 것일까? 필자에게는 이해가 되지 않지만, 이 이해하기 어려운 것이 어떤 종류의 사람들로부터 (때로는 종교적인) 지지를 받는 것이 아닐까.

웜홀을 생각하고 있는 사람은 구멍의 출구 끝에 있는 세계를 현실 세계와 같은 것으로 생각하고 있을까? 아니면 다른 우주가 거기에 있다고 믿는 것일까?

[답] 웜홀(좀먹은 구멍) 자체가 일종의 가설적인 사고이므로 그 앞에 관한 일에 대해서는 아무것도 모르고 있다. 질문에 있듯이 믿고 있느냐, 어떠냐는 말이 가장 타당할 것이다. 그렇게 되면 우주는 유일한 것이냐, 아니면 유사한 것이 두 개 또는 그 이상이 있느냐는 의문과 같다. 그리고 웜홀과 같은 통로가 있다면 복수의 우주가 연결되고 있다는 결론도 나오게 된다.

우리가 알고 있는 우주는 지금 태양계가 속하고 있는 은하계(이 속에 항성이 2,000억 개쯤 있다)가 1,000억 개쯤 집합한 것이다. 따라서 항성의 수는 10^{22}의 몇 배 정도가 된다. 10^{22}개란 막대한 수이지만, "이것으로 전부다"라고 해도 되느냐는 불안감(?)도 없지는 않다.

생각하는 것, 좀 더 격식을 갖춰 말하면 학문이란, 최후가 없다고 생각하는 것이 일반적인 것 같다. 최소 입자만 하더라도 중간자니 양성자니 하는 소립자로서 그치는 것이 아니다. 그것을 구성하는 기본입자는 없느냐는 점에서 현재는 쿼크(quark)가 생각되고 있다. 또 몇 종류의 쿼크 외에 다른 이름으로 불리는 매력적인 입자 참(charm) 등도 그런 무리에 넣는 것이 좋을 것 같다.

작은 세계 쪽에 연구의 여지가 남겨져 있다면 큰 쪽의 우주에도 "또 무엇이 있다"라고 생각하고 싶은 것이 인정일지 모른다. 이런 까닭으로 (결코 실험적으로 확인된 것은 아니지만) 복합우주, 즉 몇 개의 우주가 존재하고 그것들이 웜홀과 같은 것으로 이어져 있다고 하는 생각도 나오게 된다.

우주 공간을 2차원의 면에 다 비유해 보자. 지금까지 구의 표면을 우주 공간으로 보고 "닫힌 우주"의 모형으로 했었지만, 이번에는 구가 아주 얄팍한 고무풍선으로 이루어졌다고 하자. 그리고 풍선의 안쪽면도 하나의 우주라고 생각한다. 이 두 개의 다른 우주는 바로 가까이(2차원 사람에게는 이것을 가깝다고 생각할 수 있을지 어떨지는 크게 의문이지만)에 존재한다. 그리고 이 풍선에 뚫린 구멍을 웜홀처럼 생각한다면, 구멍 부근의 물체는 하나의 우주(앞쪽)로부터 다른 우주(뒤쪽)로 금방 이동할 수가 있다. 다만 구멍을 뚫어도 풍선이 부서지지 않는다고 가정하였을 때의 이야기다.

그러나 풍선이 아니고 뫼비우스(A. F. Mobius, 1790~1868)의 띠나 클라인(F. Klein, 1849~1925)의 항아리 또는 사영평면(射影平面)이라면 얇은 막을 깨뜨리고 뒤쪽으로 나갔으리라고 생각한 것이 실제는 뒤쪽이 아니었다는 것이 된다(질문 61, 62, 63 참조). 만약에 그것이 웜홀의 모형이라면 웜홀이라는 초공간을 통과함으로써 사라진 물체는 순식간에 엄청나게 먼 터무니없는 곳에 출현하게 된다.

4장

C의 저편에

아인슈타인의 방정식이 계속 등장하는데 도대체 아인슈타인의 방정식이 어떤 내용인가? 알기 쉽게 설명해 달라.

[답] 아인슈타인의 우주 방정식을 그대로 쓰면 매우 어렵기에 보통의 수학적 수단으로는 도저히 풀지 못한다[수학적으로는 식이 비선형(非線型)으로 되어 있다]. 그래서 물리적인 조건을 대담하게 간소화해 보기로 하자.

먼저 우주를 등방적이라고 하자. 동서 방향, 남북 방향, 상하 방향도(이상은 지구 표면의 이야기다. 일반적으로는 x, y, z의 방향이라고 하는 것이 옳을 것이다) 전적으로 차별이 없는, 즉 어느 쪽 방향에만 특별한 인력은 없다고 가정한다. 우주가 정말로 그렇게 되어 있는지 어떤지는 알 수 없지만 말이다.

또 우주에서 아주 넓은 영역(이 속에는 숱한 은하계가 고스란히 들어갈 만큼 넓은 것으로 한다)을 생각했을 때, 그 밀도(내부의 질량을 영역의 부피로 나눈 것)는 어디서나 같다고 가정한다. 여기서도 실제의 우주가 그렇게 되어 있는지 어떤지는 보증할 수 없다.

이상과 같은 가정을 설정하여 식을 쓰면 다음과 같다.

$$\frac{1}{2}\left(\frac{dr}{dt}\right)^2 - \frac{GM}{r} - \frac{\Lambda}{6}r^2 = -\frac{\theta}{2} \quad \text{(단 광속도를 1로 했음)}$$

한편 뉴턴의 운동 방정식은

$$m\left(\frac{d^2x}{dt^2}\right) = F \quad \text{또는} \quad \frac{M}{2}\left(\frac{dx}{dt}\right)^2 + U = E$$

이다. 왼쪽 식은 힘과 가속도의 관계를 나타낸 운동의 제2 법칙이고, 오른쪽 식은 이것을 시간으로 적분하여 얻은 에너지 보존의 법칙으로서, 좌변의 제1항이 운동에너지, 제2항이 위치에너지(만유인력인 경우는 $U = GmM/r$) 그리고 우변이 총에너지이다. 이를테면 지구 주위를 인공위성이 회전하는 경우 총에너지 E가 마이너스라면—마이너스의 위치에너지가 플러스의 운동에너지를 상쇄해 버려—인공위성은 지구 주위를 계속 회전한다. E가 플러스라면 운동에너지가 마이너스의 위치에너지를 이겨 내어 멀리 저편으로 날아가 버린다. 위성의 속도가 초속 11.2㎞ 이상일 때 이와 같은 일이 일어나며 그 속도를 지구 탈출속도라 한다.

아인슈타인의 식으로부터 Λ(람다)항(이것을 우주항이라고 한다)을 제거하면 뉴턴의 식과 전적으로 같은 형이 된다(식에 물체의 질량 m이 있는지 아닌지는 문제가 아니다). r은 우주의 크기를 나타내는 수이며 이를테면 A라고 하는 별과 그보다 훨씬 멀리 떨어져 있는 B라는 별과의 거리로 생각해도 상관없다. 우변의 θ는 플러스 1이거나 마이너스 1 또는 0이 되는 값이며 마이너스 1이거나 0이면 우주는 어디까지고 팽창해 간다. 반대로 플러스 1이면 한 번은 팽창하더라도 이윽고는 축소로 되돌아간다. 이쯤의 사정도 뉴턴의 식과 닮았다.

Λ를 우주 상수라 한다. M은 반경 r의 구 안의 전 질량이지만, 만유인력만으로는 우주의 힘 관계를 설명할 수 없으므로(질량끼리 모여든다) 아인슈타인은 좌변 제3항(우주항)을 식에 넣어서 우주의 상태를 설명하려고 한 셈이다. 그러나 우주의 팽창이 발견되고 나서 그는 "우주항을 넣은 것은 내 최대의 잘못이었다"라고 술회했다고 한다.

여러 번 아인슈타인의 식이라는 말을 끌어냈지만, 더 간략하게 하면 이런 형식이 된다는 것을 소개하고 싶었기 때문이었다. 여러 가지 조건을 고려하면 미분형(微分形)을 포함한 방정식은 훨씬 더 복잡해지는데, 결론적으로는 이런 식을 바탕으로 하여 우주의 상태를 해명하려고 하였다. θ가 플러스 1이냐, 마이너스 1이냐는 따위의 불확정 요소가 식 속에 남아 있다는 것에도 주의하기를 바란다.

뫼비우스의 띠라고 하여 테이프를 한 번 비틀어서 고리 모양으로 한 것이 자주 문제가 되고 있다. 기껏해야 종이를 한 번 비틀었을 뿐인데 어째서 이런 것이 자주 예로 인용되는가?

[답] 뫼비우스의 띠는 다음 그림처럼 한 번 비틀어 놓은 벨트 모양의 면을 말한다. 테이프가 아닌 가죽 벨트라도 이것을 바지에 끼울 때 자칫 뫼비우스의 띠로 만들어질 수도 있다. 이런 것이 왜 진기하게 다루어지

그림 4-1 | 뫼비우스의 띠

는지 그 의문은 지당하다고 하겠다. 이런 것보다는 종이로 학이나 배를 접는 쪽이 훨씬 재미있는 일이 아니겠느냐고 생각할 사람도 있을 것이다. 무리가 아니다. 그러나 다만 중심선(띠의 양쪽 경계에 평행하며 양쪽 경계로부터 같은 거리에 있는 선)에 가위질했을 경우, 원통면이라면 둘로 잘려서 떨어져 나가지만 뫼비우스의 띠는 폭이 절반인 하나의 고리(링)로 된다. 아이들의 마술 놀이로 적합할 것이다. 그러나 아무리 마술의 좋은 재료라고 한들 그것만으로 뫼비우스의 띠가 귀하게 취급되는 것은 아니다.

보통의 해설서에는 "앞뒤 구별이 안 되는 희한한 면"이라고 씌어 있다. 확실히 원통면과는 달리 앞을 손가락으로 더듬어 나가면 어느 틈엔가 뒤를 짚고 있고, 더 나가면 다시 본래의 앞으로 되돌아온다. 그러므로 앞뒤가 없는 면이라고 하겠지만, 이것만으로는 뫼비우스의 띠의 중대성을 납득하기에는 좀 부족한 느낌이 든다. "앞의 뒤쪽은 뒤가 아니냐? 그런데도 앞뒤가 없는 면이라니 무슨 잠꼬대냐?" 하고 이의를 제기하면 반론하기가 어렵다. 고작해야 "경계를 통과하지 않고 모든 장소에 당도할 수 있는 면"이라고나 할까. 그러나 이것이 뫼비우스의 띠를 만들 때의 비틀림을 생각한다면 당연한 일이 아니냐고 하면 그 이상은 설명이 곤란하다.

그러므로 다소 전문적인 용어가 들어가지만, "뫼비우스의 띠라는 것은 방향 설정이 불가능한 면"이라고 하는 것이 가장 좋을 듯하다. 그래서 곧 방향 설정이 가능(또는 불가능)하다는 의미를 설명하여야만 하겠다.

면분(面分)에 화살표를 그리고 이 화살표를 여기저기로 이동시키는 방법은 지금 문제로 삼고 있는 토폴로지에서는 아무런 뜻이 없다. 이동하는 도중에 북을 향한 화살이 점점 동향으로 가더라도 조금도 상관이 없기 때문이다. 그러나 면분 속에 원(원이 아니고 임의의 폐곡선이라도 상관없다)을 그리고, 그 원을 이를테면 시계 침 방향으로 정해 둔다면 어떨까? 면분 속을 이 원이 자유자재로 돌아다녀도 시곗바늘 방향으로 돌아가는 데는 변함이 없다. 원이 2차원 공간 속에서 움직이는 한 "시곗바늘 방향으로 돈다"라는 방향은 일정 불변하다. 이런 성질을 가진 2차원 공간을 가리켜 방향 설정이 가능한 면이라 한다. 면분도 〈질문 17〉의 토러스도 모두 방향 설정이 가능한 면은 실제로 시험해 보면 알 수 있을 것이다. 또 원기둥이나 원추의 측면도 방향 설정이 가능하다. 우리 주변에서 볼 수 있는 면 대부분은 방향 설정이 가능하다.

그런데 뫼비우스의 띠에서는 이런 일이 성립하지 않는다. 시곗바늘 방향으로 도는 원을 조금씩 이동시켜 끝까지 옮겨 본래 자리로 돌려놓으면, 그 원은 어느새 시계 반대 방향으로 돌고 있게 된다. 그림만으로 이해하기 어렵다면 실제로 뫼비우스의 띠를 만들어 직접 확인해 보면 된다. 어쨌든 이 면은, 어느 순간 우회전이 좌회전으로 바뀌었다가 다시 이동하는 동안 우회전으로 되돌아가 버리는, 매우 특이한 면이다.

그러므로 우회전하는 원을 그 면 속에 넣어도, 그것이 끝까지 우회전 상태로 남는다는 보장은 없다. 이런 이유로 우리는 이 기묘한 면을 "방향을 설정할 수 없는 면"이라고 부르기로 한다. 이 면은 매우 독특하고 기이한 2차원 공간이며, 그 가장 단순한 예가 바로 뫼비우스의 띠이다.

뫼비우스의 띠는 방향 설정이 불가능한 면임을 알았는데 보통의 테이프와 마찬가지이며 경계가 있는 것은 사실이다. 그렇다면 경계가 없고 물론 유한하면서 더군다나 방향 설정이 불가능한 면도 있을까?

[**답**] 유감스럽게도 3차원 공간 속에 그와 같은 곡면을 만들 수는 없다. 그러나 한 군데만 불편한 곳을 눈감아 준다면 질문한 것과 같은 면을 만드는 일이 가능해진다. 구면이나 도넛 면을 만든 과정을 상기해 주기 바란다.

원둘레를 한 점으로 축소하면 원 내부는 구의 표면으로 된다. 정사각형에 대응하는 한 조의 변을 처음에 맞추어서 원통을 만들고 이어서 원통의 양 끝의 원둘레를 맞추어서 토러스를 조립했다. 물론 최초의 원이나 정사각형은 아주 얇은 고무 막으로 되어 있으며 신축이 자유자재라고 하자.

방향 설정이 불가능한 닫힌 면은 괴상한 그 면 자체를 생각하기보다는 면을 만드는 방법을 조사해 보는 편이 이치에 맞을 것이다. 토러스를 만들었을 때의 방법(질문 17)을 상기하기 바란다.

그림의 맨 위에 그린 정사각형처럼 윗변과 아랫변을 같은 방향으로 맞춰 붙인다. 변 a에 화살표를 그린 것은 맞추었을 경우의 "방향"이라고 생각한다. 그 후 좌변과 우변을 같은 방향으로 맞춰 붙이면 토러스가 되

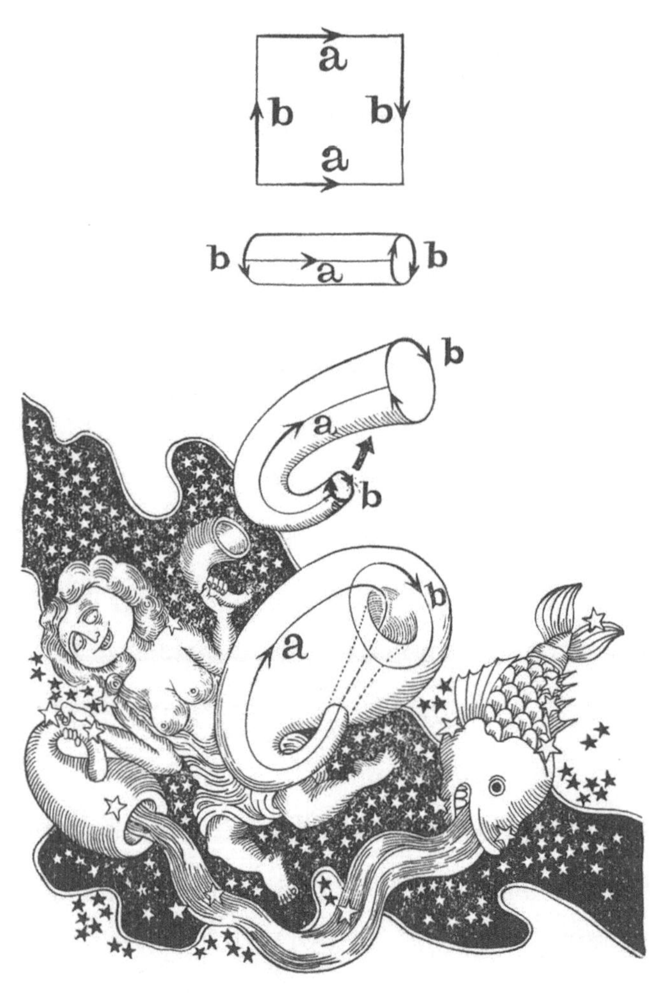

그림 4-2 | 클라인의 항아리

어 버리기 때문에 그렇지 않도록 주의해야 한다.

방향 설정이 가능한 면을 만들기 위해서는 좌변과 우변을(더불어 b로 한) 반대 방향으로 포개는 것이다. 실제로는 3차원 공간 속에서 그런 일을 하는 것은 불가능하다. 4차원 공간 속이라면 가능하지만, 4차원 공간은 상상조차 할 수 없으므로 지금은 그 이야기는 일단 보류하기로 하자.

그러나 3차원 공간 속에서도 약간의 속임수를 쓴다면 두 개의 b원을 같은 방향으로 맞출 수가 있다. 그림을 자세히 살펴보라. 통을 나팔 모양으로 하여 그 일부(본의가 아니지만)에 구멍을 뚫고 거기에 관을 통한다. 완성한 것이 마지막 그림이다. 구멍을 뚫었다는 것을 용서한다면 이것은 앞뒤도 없는(바꿔 말하면 경계를 가로지르는 일 없이 어느 지점에도 도달할 수 있는) 면이 된다. 최초의 a선 및 b선은 폐곡면 안에 있는 닫힌 선에 지나지 않게 된다. 이 선을 제거하면 바로 방향 설정이 불가능한 경계가 없는 유한면이 완성된 것이다. 이 곡면을 클라인의 항아리라 일컫고 있다. 클라인의 항아리를 모형처럼 만들기는 좀 까다롭지만, 가령 이것이 있다면 시곗바늘 방향으로 돌아가는 원을 이리저리 움직여 가는 동안에 언젠가는 시곗바늘 반대 방향으로 회전하게 된다. 참으로 기묘한 면이며 더구나 모형적으로 이해할 수 있다는 데서 토폴로지에서는 반드시 클라인의 항아리가 소개된다.

또 한 가지 당연한 일이지만, 클라인의 항아리에는 다음과 같은 특징이 있다. 구, 다면체, 토러스, 지너스의 표면은 그 곡면 속에 유한한 부피를 갖는다. 그런데 클라인의 항아리에서는 "내부에 부피를 포함하는 것"이 불가능하다. 의심쩍은 사람은 찾아보면 될 것이다. 바꿔 말하면 구는 면(2차원)이 스스로 부피(3차원)의 크기를 결정하지만, 클라인의 항아리에서는 2차원만이 있고(그 2차원은 휘어져 있다) 3차원에는 아무 제한도 가하지 않는, 즉 닫혀는 있으나 2차원만으로 규정된 공간이라 할 수 있다.

클라인의 항아리와 함께 사영평면(射影平面)이 있다는데 그것을 소개해 달라.

[답] 왜 사영평면이란 말로 부르는가에 대해서 말하자면 까다롭기에 생략하겠다. 클라인의 항아리와 마찬가지로 앞뒤가 없는 폐곡면이다. 그런데도 클라인의 항아리만큼 잘 알려지지 않은 것은 사영평면이 종이 위에다 그림으로 그려 내기는 아무래도 힘들기 때문이다.

형식적으로 설명하는 것은 간단하다. 클라인의 항아리의 경우와 마찬가지로 처음에 정사각형을 그린다. 그림을 보자(가). 두 조의 대응변을 같은 방향으로 접어 붙이면 토러스(도넛형)가 형성되며 한 조의 대응변이 같은 방향이고 다른 한 조가 반대 방향이라면 완성된 유한곡면은 클라인의 항아리였다. 그렇다면 두 조가 다 반대 방향이라면? 그림은 바로 그렇게 되어 있다. a끼리도, b끼리도 반대 방향이다. 이것을 억지로

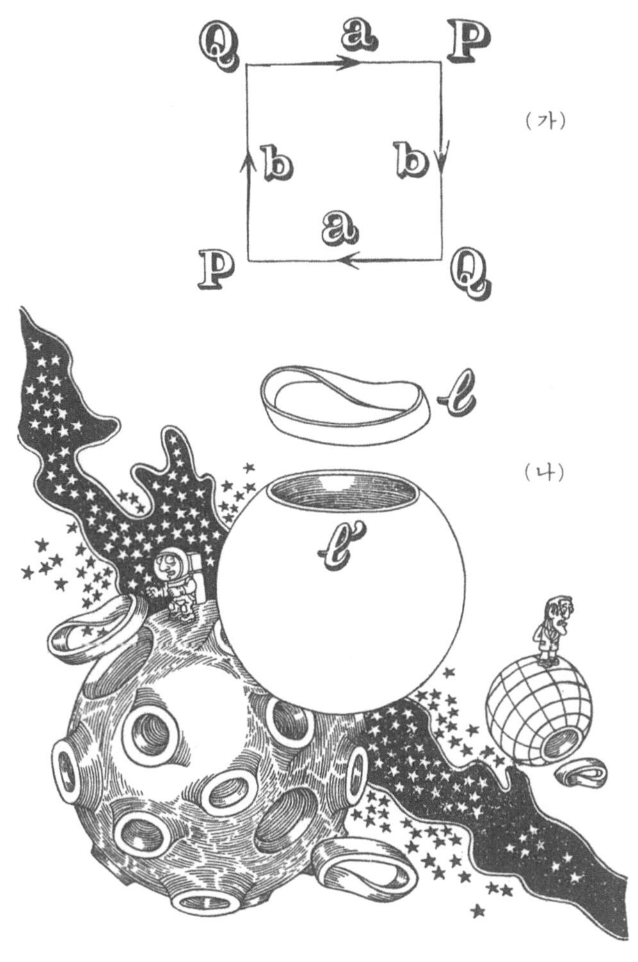

그림 4-3 | 사영평면을 만들다

밀착시키자는 것이다. 당연히 P끼리, Q끼리는 동일점이 된다.

3차원 공간 속에서는 그런 일이 될 턱이 없다. 클라인의 항아리의 경우에는 다소 엉터리 짓을 하여(면 일부를 깨뜨리고 거기에다 관을 통한다는 방법을 써서) 어떻게든 해낸다.

그러나 사영평면은 이런 일조차도 불가능하다. 도전하기를 좋아하는 사람은 자신이 종이를 오려서 시험해 보면 될 것이다. 그럼 어쩔 수 없음을 알게 될 것이다.

그러나 이와 같은 정통적인 방법이 아니라 다른 방법을 사용하여 사영평면을 만들어 볼 수 있다. 처음에는 구에서 출발한다. 구면 일부가 아래 그림처럼 깎여 있다고 하자. 이 깎인 구의 표면(물론 앞쪽만)은 면분과 같다(같은 상). 깎인 언저리가 면분의 주위가 된다. 이 깎인 부분을 다른 면분으로 닫으면 구면이 완성되는 셈인데 면분이 아니고 뫼비우스의 띠로서 완전히(?) 막아 버리는 것이다. 그런 일이 가능한가 하며 의심할지도 모르나 어쨌든 어렵다는 것을 알고서 실행한다. 실행 불가능하다고 생각(생각할 뿐만 아니라 사실은 실행할 수 없는 일이지만)하는 것이 3차원 생물인 우리의 슬픈 입장이다.

그러나 "이치만"으로 생각해 보자. 테이프를 보통의 원통 모양으로 감은 것은 원 모양의 끝이 두 개가 있다. 그러나 뫼비우스의 띠의 끝은 거기를 손가락으로 더듬어 가면 뱅글뱅글 두 번 돌아서 본래의 위치로 되돌아온다. 즉 뫼비우스의 띠의 끝은(비뚤어진 형태를 하고 있지만) 두 개가 아닌 하나의 폐곡선인 것이다(그림에서 ℓ). 한편 깎인 구면 쪽도 폐곡선이라는 끝을 가지고 있다(그림의 ℓ'). 이 두 폐곡선을 맞붙인다. 어떻게 해서 맞붙이느냐? 필자도 알 수 없지만, 어쨌든 붙여 본다. 4차원 공간 속에서는 그것이 가능하다.

이렇게 하면 구멍이 완전히 막혀서 닫힌 면이 완성된다. 얼핏 보기에는 구멍에 띠를 포개더라도 아직 구멍이 남아 있을 듯한데 그렇지는 않다. 끝의 선과 끝의 선을 완전히 밀착시켰으므로 이제는 '끝'이 없다. 완성된 면은 완전한 폐곡면, 즉 경계가 없는 면이다. 어떤 면이 될지는 전혀 상상할 수가 없으나(상상할 수 있다는 사람이 도리어 이상하다) 이렇게 만들어진 면이 사영평면이다. 모형처럼 상상하기는 불가능하지만, 구멍이 뚫린 구면에 뫼비우스의 띠를 보탠 것이 사영평면이 된다는 것은 명심해 두어도 좋을 것이다. 현실의 형태에 구애되지 않고 형식적으로 사고하는 것이 중요하다.

우리가 살고 있는 우주는 방향 설정이 가능한 공간이냐 아니면 불가능한 공간이냐?

[**답**] 방향 설정이 가능하냐 아니냐는 것은(3차원이 아니라) 2차원을 예로 들어 설명하겠다. 구면, 원기둥이나 원추 등의 측면, 모서리가 있어도 상관이 없다면 다면체의 표면도 모두 방향 설정이 가능한 표면이다. 방

향 설정이 가능한 면이란, 요컨대 상식적인 정상적인 면이다. 이에 반해 방향 설정이 불가능한 대표적인 면은 클라인의 항아리와 사영평면이다. 아니, 보다 간단한 예로는 뫼비우스의 띠가 이에 해당한다. 〈질문 61〉에서 왜 뫼비우스의 띠가(얼핏 보기에는 하나도 진귀한 데가 없는 것처럼 생각되는데도) 특수한 기하학(토폴로지)에서 문제가 되고 있는가를 설명했었다.

그런데 3차원 공간이 방향 설정이 가능하거나 불가능하다는 것은 도대체 어떤 식으로 되어 있는 상태를 말하는 것일까?

3차원 공간 속에 방향이 있는 고리를 만들더라도 아무 의미가 없다. 시곗바늘 방향이라든가 시곗바늘 반대 방향이라고 하더라도, 공간 속에서는 시곗바늘 방향을 뒤쪽에서 보면 시곗바늘의 반대 방향이 된다. 고리는 공간을 자유로이 날아다니므로 그 회전하는 방향으로부터 공간의 성질을 조사할 수는 없다.

오른손을 내밀어 엄지, 인지, 중지, 세 개를 각각 직각이 되게끔 펴 보라. 중지는 왼쪽, 인지는 위, 엄지는 앞을 가리킬 것이다. 왼쪽이니 위쪽이니 하는 것은 오른손을 보통으로 내밀었을 때의 방향이지만 세 손가락이 모두 직각인 한, 손을 비틀어 보건 누워서 손을 바라보건 방향의 순서에는 변함이 없다. 보통 이것을 수학적인 말로 할 때는 엄지를 x의 정방향, 인지, 중지를 각각 y, z의 정방향으로 하고 이와 같은 직교 좌표를 결정하는 방법을 우수계(右手系)라 부르고 있다.

그런데 우리가 살고 있는 공간에 우수계의 좌표를 설정하여, 즉 모형적으로 세 개의 화살표로 직교 좌표를 만들고, 이것을 로켓에 신고 달

세계나 훨씬 더 먼 별 또는 은하계 바깥쪽으로까지 여행했다면(그 여행이 현실적으로 가능하냐 어떠냐는 것은 묻지 않기로 한다) 우수계는 허물어지고 있을까? 좌수계로 되어 버렸을까? 아마도 그런 일은 없을 것이다. 우리가 관측할 수 있는 우주 공간에서는 그와 같은 묘한 일은 일어나지 않으리라고 생각한다. 그것은 곧 우주 공간은 방향 설정이 가능하다는 것이다.

문제는, 과연 방향을 설정할 수 없는 공간이 실제로 존재하느냐 하는 점이다. 말도 안 될 정도로 광대한 우주의 저편, 수백억 광년 너머나 블랙홀 내부, 혹은 웜홀이 실제로 존재한다면 그 너머로 빠져나왔을 때 방향이 어떻게 될지는 유감스럽게도 전혀 알 수 없다. 닫힌 우주가 만약 뫼비우스의 띠나 클라인의 병 같은 구조라면, 한 바퀴를 돌아오는 순간 좌우가 뒤바뀌게 될 것이다. 수학자들은 그런 특수한 공간을 상정할 수 있지만, 그것이 물리적으로 가능한지 그 여부는 아직 사고 실험의 단계에서 벗어나지 못하고 있다.

방향 설정이 가능하냐 불가능하냐는 논의는 4차원 시공간에서도 생각할 수 있는가?

[**답**] 수학의 한 분야인 토폴로지(위상기하학)에서는 당연히 연구의 대상으로 하고 있다. 다만 우주론이나 천체 물리학과 같이 "현실"을 상대로

하는 학문에서는 아직 거기까지는 생각이 미치지 못하고 있다. 우주 공간이 근소하게 휘어져 있는 것이 태양 근처를 통과하는 빛의 경로나 수성의 공전 궤도로부터 인정되고 있는 정도에 지나지 않기 때문이다.

방향 설정이 불가능한 공간이 실제로 존재하는지 어떤지는 알 수 없지만, 만약 그렇게 되어 있다면 어떤 일이 일어날 것인가를 생각해 보는 것도 즐거운 일이다. 3차원의 공간만이 방향 설정이 불가능하다고 해 보자. 그리고 우리가 살고 있는 은하계만이 우주를 크게 한 바퀴 돌아왔다고 하자. 우리 은하계는 지름이 10만 광년쯤의 원반형을 하고 있으며, 대우주에 비교하면 아주 미미하다. 모두가 가지런히 한 바퀴를 돈다면 모두가 가지런히 우수계로부터 좌수계로 된다. 이것은 결과적으로 아무 일도 일어나지 않았다는 것과 같다. 이를테면 좌우를 x축으로 했을 때, 우측을 정방향으로 하건 좌측을 정방향으로 하건 조금도 상관없다는 것이다. 공간만을 생각했을 때 좌우 모두 우열이 있을 턱이 없다. 그러므로 모두가 꼭 같은 거울 속의 세계로 들어가더라도 조금도 지장이 없을 것이다.

그런데 공간을 생각한다면 시간도 마찬가지로 다루지 않으면 불공평하다. 네 번째의 ct방향도 고려하여 그 4차원의 시공간이 방향 설정이 불가능하다고 하면 어떻게 될까? 또다시 은하계를 크게 우회해 왔다고 하자. 다만 그것이 가능하기 위해서는 시간축도 닫혀 있어야 한다. 즉 수백억 년이나 미래는(또는 과거는) 현재와 같다고 하는 가정을 세운 것이 된다.

그런데 4차원 시공간이 방향 설정이 불가능하다면 시간축 ct의 방향이 공간축 x, y, z에 대해 반대가 될 것이 예상된다. 이것은 온당할 수가 없다. 매우 단순한 예, 이를테면 두 개의 구슬 A와 B의 충돌 따위는 시간을 역방향으로 하더라도 그대로 성립한다. 영화 필름을 거꾸로 돌리더라도 단순한 역학계에는 지장이 없다. 그런데 더 복잡한 계―많은 분자가 집합해 있는 다입자계(多粒子系: 우리 주변은 모두 다입자계라 해도 될 것이다)―에서는 곤란하다.

물속에 붉은 잉크 한 방울을 떨어뜨려 보자. 붉은 물방울은 물속에서 퍼지면서 색이 옅어지고, 결국에는 핑크빛 물이 된다. 붉은 방울이 '과거'라면, 고르게 퍼진 핑크빛은 '미래'다. "시간"에는 분명한 "방향"이 있다. 그런데 만약 은하계가 대우주를 한 바퀴 돌아온 순간, 핑크색 용액 속의 잉크가 서서히 다시 중앙으로 모여들어 결국 붉은 방울이 되어 버린다면 어떻게 될까. 이는 공간 구조 때문에 시간의 방향이 거꾸로 흐르는 셈이므로, 그런 결과가 나타나는 것도 어쩔 수 없다. 그뿐만이 아니다. 우리의 삶도 어른에서 아이로, 다시 갓난아기로 되돌아가듯 수축해 갈 것이다.

처음부터 시간축이 닫혀 있다는 데에 상식과는 전혀 부합되지 않는 점이 있는 것이다. 시간이 닫혀 있다는 것을 어떻게 해석해야 될지도 잘 알 수 없다. 혹은 4차원 속에서 방향이 뒤집혔을 때 이르러서도 잉크 방울이 확산해서 한결같이 핑크가 된다. 이렇게 해석하여, 공간만이 반전했다고 생각하여 위기를 벗어날 수 있을지도 모른다. 사고하는 뇌 속 원

자의 작용도 모두 시간적으로 역전해 버리기 때문에 결과적으로는 조리
가 들어맞게 될지 모른다.

올베르스의 패러독스니 세일리거의 패러독스니 하는 것은 무엇을 말하는가?

[**답**] 우리가 살고 있는 지구로부터 상공을 관측하면 헤아릴 수 없을 만큼 많은 항성이 빛나고 있다. 태양과 같은 가까운 것은 따로 하고라도, 항성에서 오는 빛을 모두 합치면 어떻게 될까? 먼 곳의 별은 어둡다. 따라서 어두운 별이 반짝여도 지구는 그리 밝아지지 않는다는 것은 잘못된 생각이다. 먼 별이 어두운 것은 확실하지만, 먼 별은 그만큼 수가 많다. 지구로부터 r만큼 떨어진 곳에서 오는 하나의 별의 빛의 밝기는 r^2에 반비례하지만, 그런 먼 거리에 있는 별의 수는 r^2에 비례한다. 따라서 이 둘은 계산상 상쇄하게 된다.

요컨대 먼 곳의 별빛은 약해지지만, 별의 개수가 불어나서 지구로부터 1,000만 광년과 1,001만 광년 사이에서 오는 빛의 전체 양과 1,001만 광년에서부터 1,002만 광년 사이에서 오는 빛의 양은 같다. 그리고 우주의 속은 매우 깊기에 가까운 부분에서 먼 곳까지의 빛을 모두 합쳐 보면 지구에 오는 빛의 양은 무한히 커진다.

그런데도 밤하늘은 그다지 밝지 않은 것은 이론적으로 아주 이상한 일이다. 이 모순은 1826년(150년이나 옛날)에 올베르스(H. W. M. Olbers, 1758~1840)에 의해 지적되어 올베르스의 역설(逆說)이라고 불리고 있다.

같은 종류의 모순은 또 있다. 지구는 가까운 별, 먼 별 모두에 걸쳐 만유인력을 받고 있다. 그런데 이 인력의 세기도 거리의 제곱에 반비례한다. 그러나 별의 개수는 거리의 제곱에 비례한다. 이렇게 되면 모든 별로부터의 인력의 총계는 무한대로 되어 버린다.

다행히 우주 항성의 분포는 등방적(어느 방향으로부터의 작용도 꼭 같이 고르게 작용하고 있다는 뜻)이므로 지구가 특정한 방향으로 세게 끌어당겨지는 일은 없다. 그렇지만, 다른 별로부터 지구로 작용하는 만유인력은 무한대이다. 그러므로 지구는 사방으로부터 무한한 세기로 끌어당겨지고 있다는 결론이 된다. 이것은 1895년에 세일리거(Hago von Seeliger, 1849~1924)에 의해 지적되어 세일리거의 역설이라 일컬어지고 있다.

둘 다 모순이다. 엄청나게 밝거나 무한히 센 중력장 속에서 비틀거리고 있다는 등의 말은 사실이 아니다. 다만 만유인력 쪽은 일반 상대론에 의해 시공간이 휘어져 있으므로 잘 생각하면 패러독스를 피할 방법이 없는 것도 아니다.

그러나 이 두 역설을 피할 수 있었던 가장 큰 이유는 바로 허블이 발견한 우주 팽창설이다. 별들은 끊임없이 멀어져 가고, 게다가 멀리 있는 별일수록 더 빠르게 멀어진다는 사실이 밝혀졌다면, 지구에서 하늘이 터무니없이 밝아진다거나, 무한히 강한 중력장 속을 헤매는 일 같은 것은 일어나지 않는다. 허블의 우주 팽창설이 제안되기 전에는, 우주의 외곽 어딘가에 또 다른 우주가 존재한다고 가정하는 등 여러 가지 부자연스러운 방식으로 이런 문제들을 해결하려 했던 흔적을 곳곳에서 찾아볼 수 있다.

우주는 팽창하고 있다고 하는데 그렇다면 별의 밀도(일정한 부피의 우주 공간 속에 있는 별의 수)는 점점 줄어들고 있는가?

[답] 이에 대해서는 학자들 사이에서도 사고방식이 반드시 일정하지 않다. 확실히 우주 공간이 확대되고 더구나 천체의 개수가 같다면 우주는 희박해지지 않을 수 없다. 정말로 우주 공간이란 그런 것일까?

이 사고방식에 대해 "우주는 공간적으로 균일(특정 부분이 특히 밀도가 클 수 없다는 것)하며 더구나 등방적이고 또 시간적으로도 균일하다, 즉 밀도의 감소란 있을 수 없다"라고 하는 사상이 지배적이다. 이 설을 "정상우주론"이라고 부르는데, 우주라고 하는 대자연에 눈을 돌렸을 때 정상우주론이야말로 참모습이라는 느낌이 드는 것은 어쩌면 당연한 일인지도 모른다.

그러나 팽창하고 있는 우주의 밀도가 일정하게 유지된다면 우주 속에서 새로운 천체가 태어나야 한다. 계산에 의하면 1년 동안에 1㎤ 속에 10^{-40}g의 물질이 창생되기만 하면 된다.

더 구체적으로 말하면, 한 변이 100m인 입체 공간(약 100만 ㎥)에서 1만 년에 수소 원자 하나가 생겨나기만 하면 된다. 이는 곧 무(無)에서 유(有)가 만들어지는 셈이라 언뜻 물리법칙에 어긋나는 것처럼 보인다. 하지만 우주처럼 거대한 규모에서 이 정도로 작은 양이 아주 드물게 생겨나는 것이라면, 물리법칙의 예외로 여겨도 크게 무리는 없을지 모른다. 실제로 많은 학자들이 여러 조건을 달긴 하지만 정상우주론을 지지해 왔다.

만약 정상우주론에서 말하듯이 항상 밀도가 일정하다면 〈질문 66〉에서의 올베르스나 세일리거의 역설은 해결되지 않는다고 반론할지 모른다. 공간의 별의 밀도가 같다면 그 밝기의 총계는 역시 무한대로 되어버리는 것이 아니냐고.

그러나 그것은 틀린 말이다. 밝아지지 않으며 더욱이 만유인력의 합계가 무한대가 되지 않는 것은 별이 멀어져 가고 있기 때문이다. 멀어지면 빛의(속도는 같아도) 파장은 길어진다. 파장이 길어진다는 것은 에너지가 감소한다는 것이 된다. 허블의 법칙이 있는 이상 〈질문 66〉의 두 패러독스는 피할 수가 있다.

현재의 우주 밀도(은하계 중심의 짙은 부분만이 문제가 아니다)는 10^{-28}에서부터 10^{-30} 정도라고 생각되고 있다. 정상우주론은 이 밀도가 영원히 불변한다는 것을 주장하고 있는 셈이다.

중력이 있으면 공간이 휘어진다고 하는데, 그렇다면 전자기력이 있으면 공간은 어떻게 되는가?

[답] 이 문제야말로 아인슈타인이 만년에 가장 고심한 문제 중 하나다. 전기나 자기(磁氣)에 힘이 작용하는 공간을 전자기장, 질량에 힘이 작용하는 공간을 중력장이라고 한다. 형식적으로는 대단히 성질이 비슷하며 "특수한 상태로 되어 있는 공간"이라는 의미에서는 전적으로 유사한 수식으로 다루어진다. 그러므로 일반 상대론을 발표한 후의 아인슈타인은 생애를 건 작업으로 중력장도 전자기장도 근본을 따지면 하나의 요인으로 통합할 수 있는 것이 아닐지 생각했다. 이 발상 아래 둘을 동일한 메커니즘 속에 묶는다는 뜻에서 통일장(統一場) 이론이라 명명했었다. 이를테면 지구 주위는 중력장인 동시에 자기장으로도 되어 있다. 다만 전기장은 아니다. 실험실 안에서 전기장을 만들어 내는 일은 쉬우나(콘덴서의 양극판 사이는 전형적인 전기장이다) 지구라는 광범위한 전기장은 없다. 관성(힘을 받아도 움직이지 않으려는 성질)과 만유인력의 원인을 같은 "질량"이라는 개념으로 통합한 아인슈타인이기 때문에 통일장 이론에 생애를 바친 것도 수긍이 간다. 그러나 유감스럽게도 그는 통일장 이론을 성공시키지는 못했다.

이상으로 바로 답을 내리기에는 다소 성급할지 모르지만, 전자기장 때문에 공간이 휘어진다는 이론은 지금까지는 존재하지 않는다. 앞으로 연구가 더 발전하면 전자기장에 의한 공간의 휨을 고려할 수 있게 될지도 모르지만, 안타깝게도 그 가능성을 보장할 수는 없다.

공간이 휘어져 있다는 것은 거기서 빛이 휘어진다는 것을 말한다. 태양 부근에서는 확실히 그렇게 된다. 그런데 지구 위에서의 실험 정도로는 도저히 빛의 휨을 점검할 수가 없다. 고등학교의 물리 교과서에서도 흔히 볼 수 있듯이 방사성 원소로부터 나오는 α(알파)선, β(베타)선 γ(감마)선을 자기장 속으로 통과시킬 때 전자기파인 γ선(즉 빛)만은 똑바로 진행한다.

질량 때문에 주변 공간이 휘어지는데, 전하(전기의 양)로는 공간이 휘지 않는다는 점이 어딘가 불공평하다고 느껴질 수도 있다. 아마도 질량은 태양 몇 배에 달하는 거대한 천체처럼 한곳에 크게 모일 수 있지만, 전하는 그렇게 대량으로 한곳에 모으는 것이 사실상 불가능하기 때문이라고 생각할 수 있을 것이다. 하지만 정말 그게 이유일까?

질량과 전기량은 유사하게 생각되는 부분도 있으나 한편으로는 전적으로 이질인 부분도 있다. 특수 상대론에서는 전기를 가진 입자가 빨리 달려가면 달려갈수록 질량이 커진다. 그러나 아무리 빨리 달려도 전기량(또는 전하)은 증가하지 않는다. 무언가를 움직이게 하는 원인이 질량 때문이든(즉, 큰 질량을 한쪽에 모아 만유인력으로 끌어당기는 경우든), 전기 때문이든(하전 입자를 전기장에 두면 힘이 작용하는 경우든), 한 가지 사실은 변하지 않는다. 바로 질량은 상황에 따라 증가할 수 있지만, 입자의 전하량은 일정하다는 점이다. 어쨌든 중력장과 전자기장은 얼핏 보기에는 닮았지만, 다른 면에서는 전적으로 다른 성질을 가지고 있는 셈이다.

중력파란 어떤 것인지 누구에게나 알 수 있게 설명해 달라.

[답] 중력파를 알기 위해서는 좀 더 친근한 전자기파에 대한 이해가 필요하다. 전자기파 중에서 파장이 긴 것이 이른바 전파이며, 파장이 점점 짧아짐에 따라서 마이크로웨이브에서 열선, 가시광선(빛) X선 등의 다른 이름으로 불리고 있다.

빛이나 열선은 인간이 직접 감지할 수 있으나 전파는(장파에서 극초단파에 이르기까지) 적당한 수신기에 의해 이것을 포착한다. 라디오나 텔레비전은 수신기의 일종이며 택시의 호출 무선 등을 생각하면 공간에는 무척이나 많은 종류의 전파(정확하게는 전자기파)가 달리고 있다.

빛이나 열(이 경우에는 복사열)은 물체의 온도를 매우 높이면 나오지만, 전파는 어떤 방법으로 발생하는 것일까? 가령 지금 공간의 어딘가에 전기가 나타났다고 하자(실제는 전자석을 사용하여 자기장을 만들어 내는 일은 가능하지만, 전기를 만들 수는 없다. 여기서 하는 말은 어디까지나 비유라고 생각해 주기 바란다). 이 물체 부근은 전기장이 되는데 즉석에서 되는 것은 아니다. 전기가 나타난 장소로부터 빛의 속도로써 공간이 전기장으로 변해 간다. 다음에 이 전기가 사라졌다고 가정한다. 당연한 일로 그 장소 부근은 이미 전기장이 아니며 이 전기장의 소멸도 광속도로 공간을 전해 간다. 그렇게 되면 방금 생긴 전기장은 구각(球殼) 모양으로 확산하여 진행하게 된다. 멀리 갈수록 전기장의 세기가 약해지는 것은 어쩔 수 없다. 이리하여 가령, 전기가 나타났다 사라졌다 반복하면 전기장이 파동처럼 공간을 진행하게 된다. 이것이 전파이다. 실제는 도선 속에 전류를 번갈아 흘려보냄으로써 전기장과 자기장의 파동을 만들어 낼 수 있다. 번갈아 가면서라고는 하지만 매초에 수천만 번, 수억 번이라고 하는 굉장한 속도다. 전류가 그렇게 빠르게 변하기 때문에 전기장이나 자기장은 그것을 따라가지 못하고 뿌리쳐지고 만다고 생각하는 것이 알기 쉬울 것이다.

중력파도 이와 같은 이치다. 태양보다 훨씬 큰 질량이 갑자기 생기거나 사라지면 되겠지만, 그런 일은 일어나지 않는다. 그렇다면 두 개의 천체가 공통의 중심을 두고 서로 공전하는 모습을 떠올려 보라(천체가 하나뿐이라면 공전도, 진동도 일어나지 않는다). 이런 구조로 인해 중력이 파동 형태로 전파된다. 하지만 지구에서 이를 관측하려 하면 문제가 생긴다. 중력파는 지나치게 미약해서 매우 정밀한 장비가 아니면 검출하기가 어렵다. 게다가 지구 내부의 지각 변동이나 기상 조건 등의 영향이 훨씬 크기 때문에, 우주에서 오는 약한 중력파의 흔적은 그 속에 묻혀 버려 확인이 극히 어렵다.

1,000㎞나 떨어져 있는 두 곳에서 동시에 같은 형의 중력 변화가 인정된다면 중력파가 원인이 되고 있다고 생각해도 일단은 틀린 건 아니다. 실제로 미국의 웨버라는 천문물리학자가 그런 방법으로 중력파를 측정했다고 한다. 그러나 확실하게 중력파라고 단정하기 위해서는 좀 더 풍부한 자료가 필요한 것 같다.

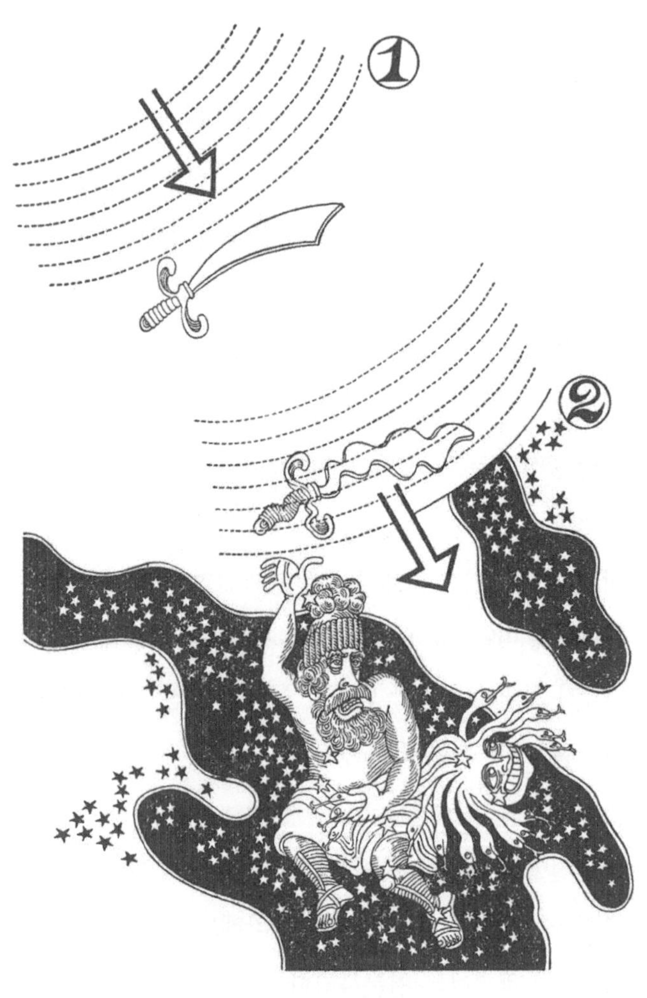

그림 4-4 | 중력파가 오면?

중력파는 광속도로 달려간다고 하는데 광속도로 달려가는 것은 전자기파와 중력파뿐인가?

[답] 아니다. 또 있다. 그것은 뉴트리노(neutrino)다. 중성미자(中性微子)라고도 불린다. 이 입자는 전기를 띠지 않으며 또 질량도 제로로서 모순이 일어나지 않는다. 이런 의미에서는 광자(빛을 입자로 본 것)와 비슷하나 스핀(spin: 모형적으로 말하면 입자의 자전운동)의 성질은 광자와는 다르다.

중성자를 방치하면 전자를 방출하여 자신은 양성자가 된다. 이 현상을 β붕괴라고 하는데 이 변화의 전후에서 에너지를 계산해도 앞뒤가 맞지 않는다. 양자론의 개척자인 보어(N. H. D. Bohr, 1885~1926)는 이와 같은 미시(微視)의 세계에서는 에너지 보존의 법칙은 성립하지 않는 것이 아닌가 하고 생각했을 정도다. 1930년의 일이었다.

그런데 당시에 아직 청년 물리학자이었던 파울리(W. Pauli, 1900~1958)에 의해 미소입자가 동시에 튀어나온다는 것이 가정되고 페르미(E. Fermi, 1901~1954)에 의해 이론화되었다. 그러나 뉴트리노가 라인스(F. Reines, 1918~1998)와 코원(C. L. Cowan, 1919~1974)에 의해 실험적으로 확인된 것은 제2차 대전이 끝난 뒤인 1955년이었다.

어째서 그때가 되도록 발견되지 않았을까. 뉴트리노는 다른 물질과 충돌(물리용어로 말하면 상호작용)을 하는 일이 매우 드물기 때문이다. 즉 물질 속을 자꾸만 통과해 간다. 지구조차도 관통해 버린다. 그렇다면 이것을 포착한다는 것이 무척 곤란하다는 것이 된다.

전자나 뮤(μ) 입자와 같은 가벼운 소립자를 렙톤(lepton)이라 부르는데 렙톤이 생길 때 반드시 그것에 상응하는 뉴트리노도 탄생한다. 그러므로 만약 우주를 돌아다니고 있는 뉴트리노의 종류를 알게 되면 그것이 그대로 렙톤의 종류가 된다. 뉴트리노를 완전하게 포착할 수 있다면 경입자도 더 많이 발견될지도 모른다.

또 뉴트리노의 양을 알게 되면 태양으로부터 방출되는 막대한 뉴트리노 이외는 우주의 다른 곳에서부터 오는 것이 되므로 그것들을 분석하여 빅뱅 이래 얼마만큼의 입자가 탄생했느냐는 것도 뒷받침할 수 있게 된다.

현재 빅뱅을 직접적으로 증명하는 것으로는 우주를 달리는 복사에너지 즉 소립자인 광자가 있다. 온도로 환산하면 절대 3도(정확하게는 2.7도라고 한다)에 해당하는 에너지가 우주 저편에서 오고 있다고 확인되고 있다.

처음에는 이 미약한 잡음이 어디에서 비롯된 것인지 알 수 없었지만, 여러 조사를 거쳐 가모프가 제안한 빅뱅의 흔적이라는 결론에 도달했다. 빅뱅의 흔적은 지금도 절대온도 약 3K의 복사로 우주 전역을 떠돌고 있는 셈이다. 만약 뉴트리노가 광자처럼 명확하게 관측될 수 있다면, 빅뱅 이후 우주의 진화 과정이 훨씬 분명해질 것이며, 가모프의 이론 또한 더욱 강한 지지를 얻게 될 것이다.

어쨌든 광속도로 달려가는 것은 빛, 중력파, 뉴트리노 등 지극히 많은 종류에 걸쳐 있다는 것을 알아 두어야 한다. 특수 상대론도 일반 상대론도 "광속도"를 기준으로 하여 짜인 이론인데, 광속도라고 하는 것은 단순히 빛의 속도일 뿐만 아니고 더 기본적인 물리 상수인 셈이다.

미니 블랙홀이란 어떤 것인가?

[**답**] 미니는 소형, 즉 소형 블랙홀을 말한다. 보통 블랙홀은 태양의 몇 배나 되는 천체가 압축되어 초고밀도가 되어 형성된 것으로 생각된다. 그런데 빅뱅 당시를 생각하면 작은 우주는 지극히 온도가 높고 그 에너지도 작은 영역에 상상도 못 할 만큼 빽빽하게 채워 넣어진 상태로 되어 있었던 것으로 상상된다.

블랙홀을 형성하는 조건으로서 그것이 작으면 작을수록 고밀도가 아니면 안 된다는 것을 〈질문 48〉에서 설명했다. 이를테면 질량을 1톤이라고 하면 블랙홀의 반경은 10^{-22} cm, 즉 1cm의 1조분의 1의 100억분의 1이 된다.

현재의 안정된 우주(하지만 팽창하고 있다)에서는 도저히 그렇게 밀도가 높은 상태를 생각할 수 없다. 그런 소질량은 자신의 힘으로 거기까지 스스로를 압축해 갈 힘이 없다. 대체로 10^{-22} cm라는 크기는 양성자, 중성자 또는 전자와 같은 소립자 한 개의 크기와 비교하더라도 엄청나게 작기 때문이다.

그러나 빅뱅의 초기 무렵, 원자는커녕 소립자조차도 형성되지 않았을 무렵에는 꼭 이랬던 것은 아니다.

엄청나게 작은 영역에서 시공간이 휘어져 있었던 것으로 상상된다. 이것이 미니 블랙홀이며, 우주의 대폭발로써 다량으로 발생했을 것으로 생각된다. 에너지가 국부적으로 공쳐져 있는 상태라고 생각해도 좋을 것이며 매우 작은 4차원 시공간이 극도로 휘어진 모습을 하고 있었다고 보아도 무방하다.

그러므로 그 무렵의 시간은 현재의 시간과는 아주 이질적인 것이었다고 생각하면 된다. 지극히 짧은 시간에, 소형 우주가 대폭발했다. 그것이 빅뱅인 셈인데, 여기서 사용되고 있는 시간이나 공간이라는 개념은 현재의 시간과 공간을 그대로 적용시키고 있다. 그러므로 빅뱅을 단시간의 작은 우주라고 상식적인 테두리에서 생각한다는 것은 그리 현명한 사고라고는 할 수 없다.

그런데 이 미니 블랙홀은 지금의 커다란 블랙홀과는 달라서 그것이 입자로 변해 버릴 가능성이 있다. 가능성은커녕 빅뱅 이후에는 미니 블랙홀의 상태 그대로는 있지 못할 것이다.

그 에너지는 창생된 입자의 에너지 mc^2(m은 입자의 질량, c는 빛의 속도)이나 그 운동에너지로 변했을 것으로 생각된다. 이것을 블랙홀의 증발이라 부르고 있다.

블랙홀은 양자론과 관계가 있는가?

[**답**] 양자론(量子論)이란 미시세계의 법칙을 표현하는 것이며 보통 역학과의 차이를 가리키는 것이라 할 수 있겠다. 전형적인 예로는 빛은 입자이기도 하며 파동이기도 하다는 것이 양자론의 주장이다. 입자만이라든가 파동만이라고 분명히 둘 중의 하나를 택하게 하는 것이 거시물리학(보통 크기의 물체를 다루는 물리학)이며 입자성도 파동성도 더불어 지니고 있다고 하는 것이 양자론의 사상이다.

질량 M인 입자에 비유하면 그 파장 λ는

$$\lambda = h / Mc$$

가 된다. h를 프랑크 상수라 부르고 $h = 6.6 \times 10^{-27}$에르그·초이며 c는 광속도 $c = 3 \times 10^{-10}$㎝/초다. 이 λ를 콤프턴(Compton) 파장이라 한다. 가령 전자라면 $M = 9.1 \times 10^{-28}$그램으로 $\lambda = 2.4 \times 10^{-10}$㎝가 되어 원자 속에 수용되어 버린다. 이 파장이 원자보다 크면 원자를 "알갱이"로 간주하여 여러 종류의 물리모형을 생각한다는 것은 힘들게 되지만, 파동으로 간주한 전자가 원자 속에 채워진 것은 다행한 일이었다.

다음은 초미니 블랙홀에 대해서다. 질량 m인 입자의 상대론적 에너지는 mc^2이지만, 이것을 질량 M에 의해 만들어지는 만유인력의 에너지

GmM/l (단 G는 만유인력 상수이며 l은 입자와 블랙홀의 중심과의 거리)과 같다고 놓아서

$$mc^2 = G\,\frac{mM}{l} \quad \therefore \quad l = \frac{GM}{c^2}$$

이 된다. 이 l을 시공간의 휨이 두드러지게 되는 범위의 길이를 나타낸다고 생각한다.

그런데 이 l과 앞의 콤프턴 파장 λ를 같다고 두어 보자. 두 식으로부터 M이 구해져서 $M = \sqrt{hc/G} = 2 \times 10^{-5}\text{g}$ 이 되고 또 시공간의 곡률(曲率)이 존재하는 영역의 길이도 정해져서 $l = \sqrt{Gh/c^3} = 10^{-38}\,\text{cm}$가 된다.

질량 M도, 휘어진 영역의 범위 l도, 보편 상수라 불리는 c, G, h에 의해 나타나고 있는 것이 위 식의 특색이다. 대체적인 밀도는

$$\rho = M/l^3 = 2 \times 10^{94}\,\text{g}/(\text{cm})^3$$

이라고 하는 엄청나게 큰 값이 된다.

도대체 이런 밀도를 가진 상태가 이 세상에 존재할까? 이상은 양자론을 써서 계산한 수치이지만, 양자론은 그것이 존재한다고도 하지 않는다고도 가르쳐 주지 않는다. 만약 빅뱅 때 이 값을 기대한다면 우주가 시작된 후 10^{-45}초 후에 그것이 실현한다고 말하고 있다(프리드만의 모형에 의함).

그러나 최근에는 10^{-33} ㎝와 같은, 소립자 자체보다도 훨씬 작은 구멍이 우주의 모든 장소에 존재해 있다는 주장도 나와 있다. 이와 같은 작은 영역에서는 현재의 미시물리학에서 생각하고 있는 것보다도 더 기발한 일이 일어나고 있을지도 모른다. 이 좁은 범위에 블랙홀과 화이트홀이 있고 "물체"가 드나들고 있다는 설도 있다. 그리고 이것을 공간의 거품이라고 부르지만, 너무 작아서 실험 장치로 시험해 볼 수도 없다.

보편 상수란 무엇을 말하는가?

[답] 물리학에는 여러 가지 중요한 상수(常數)가 있다. 이를테면 중력 상수 g = 9.8m/(초)^2 라든가, 아보가드로(A. Avogadro, 1776~1856) 수 N = 6.022×10^{23} 등 계산의 기준으로 사용된다. 그러나 이것들은 중요하기는 하나 우주적인 상수라고는 할 수 없다. g는 우주 속에 있는 자그마한 지구의 표면에서만 유효한 가속 상수이다. 또 아보가드로 수도 탄소 12g당의 원자 수이며 이것은 지극히 인위적으로 약속된 수치에 지나지 않는다. 1g이라는 단위는 우주적으로는 아무 뜻도 없기 때문이다.

그렇다면 우주적으로 의의가 있는 물리량이란 무엇일까? 우선 광속도 c = 3×10^{10} ㎝/초를 들 수 있다. 지구가 있든 없든, 인류가 존재하든 않든 광속은 항상 일정한 값을 가진다. 물론 "인간이 없었다면 그것을 생각할 두뇌도 없으니 c 같은 것은 무의미하다"라고 말한다면, 그것은 철학적 논의라서 필자도 뭐라 단정하기 어렵다. 어쨌든 c는 우주적 상수, 영어로는 universal constant, 우리말로는 '보편 상수'라고 부른다.

이 밖에 프랑크 상수 $h = 6.625 \times 10^{-27}$erg·초도 보편 상수이다. 어떤 현상을 파동으로 보았을 때의 진동수 ν와 에너지 입자를 E로 했을 때의 값과의 환산계수 $E = h\nu$로 하여 우주 어디에서나 통용한다.

또 만유인력 상수(중력 상수) $G = 6.673 \times 10^{-8}$다인·(㎝)^2·(g)$^{-2}$도 이 무리다. 하기는 영국의 물리학자 디랙은 과거 수십억 년에 걸쳐 G의 값이 조금씩 변하고 있는 것이 아니냐는 의문이 있지만, 그것을 증명할 만한 것이 없다.

물리학에서 여러 종류의 양을 표현하는 데에는 〈질문 10〉의 "차원" 항목에서 설명했듯이 보통은 길이 (L), 질량(M), 시간(T)의 셋을 맞추는 데 1m니 1kg, 또는 1초라는 것은 인간이 만들어 낸 약속에 지나지 않는다. c와 h와 G야말로 확고한 상수다. 그러므로 c, h, G를 조합해서 만들어진 양은 무엇인가 본질적인 의미가 있을 가능성이 있게 된다. 또 전자기학에서는 전자의 전하 e를, 열학(熱學)에서는 볼츠만(L. Boltzmann, 1844~1906) 상수 k를 보편 상수로 하고 있다.

그런데 보편 상수 c, h, G의 셋을 조합하여 길이를 만들기 위해서는 $l = \sqrt{Gh/c^3}$으로 하는 수밖에 없다. 이 이외의 어떤 곱셈, 나눗셈을 해도 "길이"라는 성질은 나오지 않는다. 그리고 이 l이 〈질문 72〉의 초미니 블랙홀의 크기, 바로 그것이다.

좀 여담이 되겠지만, e와 h와 c를 써서 원(元)이 없는 양(길이, 질량, 기타에 전혀 관계없는 양)을 만드는 데는 e^2/hc로 하는 방법밖에 없다. 실제로는 h를 2π로 나눈 값을 써서, $(2\pi)\,e^2/hc = 1/137$이 되는데, 이 1/137은 전자와 광자의 상호작용에 있어서 지극히 중대하다. 소립자 사이의 강한 상호작용과 비교해서 전자기 상호작용(중간 결합이라고도 불린다)은 1/137이 된다. 어쨌든 이처럼 보편 상수만으로 기술된 양은 큰 우주 또는 극도로 작은 현상 등을 해독하는 열쇠가 되는 수가 많은 것 같다.

10^{-33}cm라는 값에는 어떤 신비적인 의미가 있는 것인가?

[답] 〈질문 73〉과 〈질문 72〉에서 보편 상수만을 사용하여 이끌어 낸 길이 10^{-33}cm를 소개했었다. 원자의 크기가 1옹그스트롬($\mathrm{\mathring{A}}$: 10^{-8}cm), 소립자의 크기가 1페르미(fm: 10^{-13}cm)이므로 마이너스 33승은 소립자의 크기(크기라기보다는 너비라고 부르는 편이 적절할 것이다)의 100억분의 1의 또 100억분의 1에 해당한다. 소립자의 크기로써 길이의 최소 단위로 삼는다고 하는 일반설 앞에서는 10^{-33}cm 따위는 아무런 의미도 없게 된다.

그러나 광속도, 프랑크 상수, 만유인력 상수에 버젓한 보편성이 존재하는 이상, 이 길이에도 무엇인가 중대한 의미가 있다고 생각하고 싶은 것이 인정이다.

자연계는 기본적으로는 소립자의 상호작용으로부터 성립되고 있다. 만약 상호작용이 없다면 모두 투명해져서 이 세상은 아무것도 없는 것과 같아진다.

그런데 4차원 시공간에서 상호작용이 일어나는 위치를 지정하면 그것은 하나의 '점'이 된다. 상호작용을 부피가 있는 영역으로 잡아 두고 싶어도(그렇게 하고 싶어지는 건 이해되지만), 특수 상대론의 효과를 고려하면 그 부피는 얼마든지 크게 변해 모순이 생기게 된다.

그래서 상호작용을 민코프스키(H. Minkowski, 1864~1909) 4차원 시공간의 한 점으로 수렴시키게 되는데, 이렇게 점으로 모아 놓으면 이번에는 에너지가 무한대로 발산하는 문제가 생긴다. 도모나가(朝永振一郎, 1906~1980)는 전자와 광자의 상호작용에 대해 재규격화(renormalization) 이론을 도입해 이 무한대 문제를 교묘하게 피했지만, 근본적으로는 아직 해결된 문제가 아니다. 한편 유가와(湯川秀樹, 1907~1981)는 상호작용이 시공간의 한 점에서 일어나는 것이 아니라, 국소화되어 있지 않다는 "비국소론"(1946)을 제안했고, 나아가 시공간이 연속적이라는 가정 자체를 비판하며 "소영역" 이론을 1966년에 내놓았다.

10^{-33} cm가 곧바로 소영역의 얘기로 연결된다고는 생각하지 않지만, 공간에는 매우 짧으나 이산성(離散性: 연속이 아니고 띄엄띄엄하다는 것)이 있는 것이 아닐까 하는 의문에는 커다란 관심이 모인다. 보통 이런 값에는 전하(e)가 관계하고 있는데 전하를 빼고서 순수한 역학량(力學量)만으

로 이끌어 낸 길이에 어떤 의미가 있는지 어떤지는 앞으로의 연구가 기대되는 바이다.

상호작용의 무한대를 제거하는 수단으로서 10^{-33} ㎝의 초미니 블랙홀을 생각해 보는 것도 하나의 생각이다. 또는 공간의 거품으로서 거기에 무엇인가 비연속인 메커니즘이 있다고 하는 것도 흥미진진한 사상이다. 아주 작은 곳에서 시공간이 휙 휘어져 있는 꼴이다. 그러나 유감스럽게도 그 이상은 현재로서는 공상의 단계를 벗어나지 못한다.

빛보다 빠른 입자가 있다는 것은 사실인가?

[답] 그것이 실제로 존재하는지 어떤지는 큰 의문이지만, 이론적으로는 생각되고 있다. 우리가 알고 있는 소립자는 광속도로 달리는 광자, 뉴트리노, 게다가 중력파를 입자에다 비유한 중력자(重力子: graviton이라 한다)이거나 광속도보다 느린 다른 입자의 어느 것이다. 앞을 룩손, 뒤를 타키온이라 한다.

광속을 경계로, 그보다 느린 입자가 있다면 그보다 빠른 입자도 생각해 볼 수 있지 않겠느냐는 발상에서, 이런 가상의 입자를 설정하고 타키온(tachyon)이라는 이름을 붙였다. 그리고 빛보다 빠른 속도로 달릴 수 없는 입자가 있듯이, 타키온 또한 광속보다 느려질 수 없다. 타키온은 어떤 수단을 쓰더라도 느려질 수 없는 불가사의한 입자다.

상대론의 공식을 그대로 따른다면 정지해 있을 때의 질량이 m_0인 입자가 속도 v로 달려가면 그 질량 m은

$$m = \frac{m_0}{\sqrt{1-(v/c)^2}} \quad (c\text{는 광속도})$$

로 변한다. 빠르게 달려가면 빠르게 달려갈수록 분모가 작아져서 m의 값이 커진다. 즉 가속하기 어려워지는 셈이다.

여기서 미리 말해 둘 것은, 가속이 어려워졌다고 느끼는 것은 어디까지나 외부에서 바라보는 인간의 감각이라는 점이다. 예를 들어 이것이 로켓이라고 하자(물론 로켓이 광속에 가깝게 달린다는 것은 현실적으로 상상하기 어렵지만). 로켓 안의 사람에게는, 로켓의 질량이 증가했기 때문에 가속이 힘들어졌다는 느낌은 없다. 이는 블랙홀에 접근하는 로켓을 외부에서 보면 시간의 흐름이 더딘 것처럼 보이지만, 로켓 내부의 사람에게는 그런 자각이 전혀 없는 것과 비슷하다. 다만 블랙홀의 경우는 일반 상대론에 따른 현상이고, 질량 증가의 경우는 특수 상대론이라는 차이가 있다.

타키온의 경우에는 식의 형태가 반대되고 v로 달려갈 때의 질량은

$$m = \frac{m'}{\sqrt{(v/c)^2-1}}$$

와 같이 된다. 이번 경우에는 정지질량이라는 이름은 생각할 수 없다.

m'은 상수의 하나에 불과하다. 타키온에서는 속도가 점점 느려져서 광속에 접근하면 m이 커진다. 즉 그만큼 느리게 하기 힘들다. 그러나 속도 v를 크게 하면 할수록 질량은 작아진다. 타키온에서는 정지라고 하는 한계가 있어서 여기서는 질량은 최솟값 m_0가 된다. 그런데 타키온에는 이와 같은 한계가 없으며 질량은 무한히 작아지고 그만큼 가속의 용이성이 증대하게 된다. 이런 의미에서는 타키온은 타키온을 뒤집은 것이라고는 말할 수 없다.

타키온이 황당무계한 상상의 산물이냐 하면 반드시 그렇지도 않다. 미국의 프린스턴 대학이나 컬럼비아 대학에서는 타키온의 검출에 관심이 많다. 어떻게 하면 원리적으로 타키온의 존재를 알 수 있을까? 앞의 식에서 상수 m'과 정지질량 m_0와는 $m_0 = im'$의 관계로 되어 있다. 그러므로 에너지의 제곱은 $E^2 = (im')^2 c^4 = -m'^2 c^4$이 되어 자료 속으로부터 에너지의 제곱이 마이너스가 되는 부분을 얻게 된다.

연구는 하고 있으나 타키온을 발견했다는 이야기는 아직 듣지 못했다. 반(反)입자보다도 훨씬 존재하기 힘든 듯하다.

만약 초광속 입자가 있다면 인과율이 어떻게 될까?

[**답**] 초광속 입자가 실제로 존재하는지는 큰 의문이지만, 어쨌든 타키

온이라는 이름으로 이론적으로는 논의되고 있다. 가령 이 세상에 타키온이 있다면 어떻게 될 것이냐는 것이 질문의 취지다.

"이 세상에서 제일 빠른 정보의 전달은 광속도이다"라고 하는 것이 시간, 공간을 기초로 하는 물리학의 토대로 되어 있다. 특수, 일반을 가리지 않고 상대론에서는 광속도를 최고로 한다. 다만 허수의 질량을 허용한다면 〈질문 75〉에 있듯이 상대론의 식을 그대로 쓸 수 있고 타키온이 나온다. 아인슈타인이 타키온까지 생각하고 있었는지에 대한 분명한 증거는 없다.

우리는 1만 광년 앞에 있는 별을 보지만, 그 빛은 1만 년 전에 나온 것이다. 그 별이 1,000년 전, 100년 전 또는 현재에는 어떻게 되어 있는지 전혀 알 수 없다. 그런데 타키온이 존재하면 그 별의 100년 전, 10년 전을 알게 된다. 타키온을 구사하는 자만이 남보다도 정보를 빨리 획득할 수 있게 된다. 결국은 종래의 물리학에 큰 혼란을 일으키게 되어 버린다. 빛을 쫓아가서 빛을 추월한다면 타키온은 과거의 세계로 들어가는 것을 의미하는 셈이다. 지구의 "옛날"은 우주 공간 속을 자꾸 달려가기 때문에 로켓과 자신 신체만이 타키온으로 되어 있다면 자신이 과거로 돌입하는 것은 이론상 가능하다.

단순히 빛을 따라붙고 빛을 추월한다는 것만이 아니라, 빠르게 달려가는 계(系)를 타고 민코프스키의 4차원 공간을 보면, 〈질문 13〉이나 〈질문 54〉에 있는 라이트 콘만은 변함이 없으나 시간축은 곧바로 위가 아니라 비스듬히 기울어지며, 공간축(동시각의 점을 연결한 것)도 수평이 아니고 이것 또한 비스듬하게 된다. 빠르게 달려가는 계에서 보면 직교좌표가 아니고 사교좌표(斜交座標)가 된다. 그리고 타키온은 라이트 콘보다도 더 수평에 가까운 선을 그리며 달린다.

〈질문 54〉의 그림에서 광원추의 꼭짓점에서부터 나온 것은(빛이건 보통의 물질이건) 반드시 미래의 시간적 영역으로 들어가지만, 타키온은 그렇지 않다. 공간적 영역으로 들어간다. 인과율(因果率)은 시간적 영역 속에서만 성립하므로 타키온의 존재를 허용하면 원인과 결과의 관계가 깨진다는 것을 생각할 수 있다.

이야기가 좀 복잡해지지만, 이상을 다시 그림으로 보이겠다. L과 L′은 민코프스키 공간의 라이트 콘이다. 보통은 t축(정확하게는 ct축)을 곧바로 위로 취하지만, 달리는 계에서는 그림처럼 비스듬해지고 마찬가지로 가로의 공간축(x축)도 비스듬하다. 그러나 달리고 있지 않으며, 지구 위에 있더라도 현재의 자신이 등속으로 달려가고 있다고 생각해도 조금도 상관이 없다. 이를테면 다른 별에 접근하고 있다면, 자신이 달려가고 있거나 상대방이 접근해 오고 있는 것은 결정할 수가 없다. 여기가 상대론이 상대론다운 까닭이다. 그러므로 그림에서 O점과 A점은 같은 시각이라고도 할 수 있다.

그래서 그림과 같이 O에서부터 C와 타키온이 진행하면 B(어느 계에서 본다면 이것이 현재, 즉 O와 같은 시각)보다도 과거에 도착한다. 타키온을 사용하면 과거로 여행할 수 있다는 것은 이와 같은 내용이다.

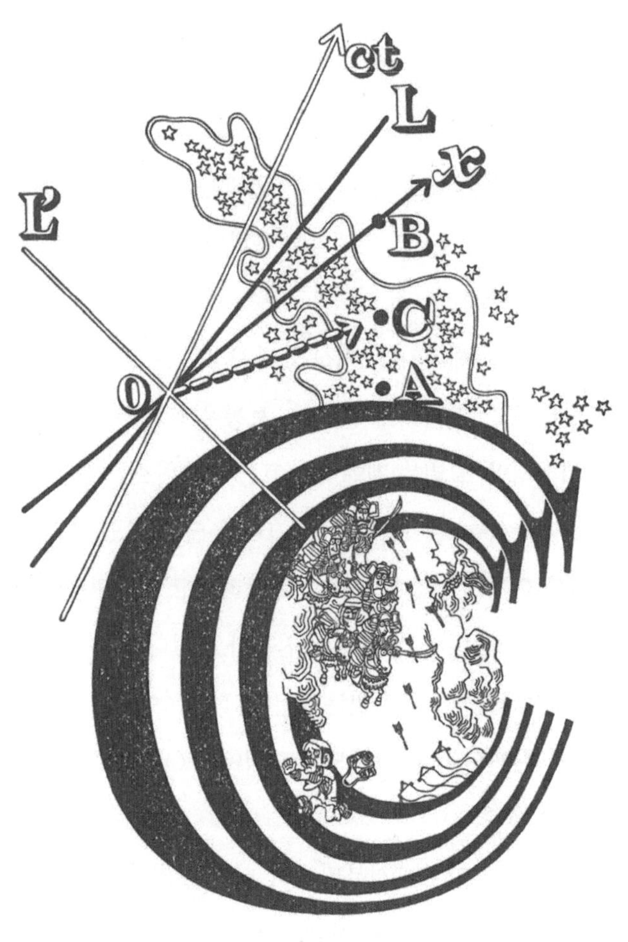

그림 4-5 | 타키온이 당도할 수 있는 시공간

가령 타키온의 존재를 인정한다면 우리는 과거의 세계로 여행할 수 있는가?

[답] 〈질문 76〉의 그림에서 보듯이 타키온을 사용하여 도달할 수 있는 시공간은 C점이다. 이것은 A점보다는 미래이지만, B점보다는 과거이다. 그렇다면 A나 B는 출발점인 O와 비교해서 같은 시각이냐고 질문을 한들 이것에는 대답할 수가 없다.

4차원 공간에서 서로가 공간적 영역에 있는 두 점은 인과 관계(또는 정보의 전달)가 없다. 그러므로 그림에서 O로부터 C로 달려가더라도 그것만으로는 반드시 과거로 갔다는 것이 성립되지 않는다. 굳이 말한다면 아주 먼 곳의 과거라고 불러도 무방할 곳에 도착했다는 것일까?

그러나 C점으로부터 타키온을 사용하여 다시 한번 O점으로 되돌아오는 아이디어가 떠오를 것이다. 만약 그것이 가능하다면 우리는 제2차 세계대전을 관전하거나 임진왜란의 싸움을 눈앞에서 볼 수 있을 것이다.

다만 위의 이야기에서(물론 타키온의 존재를 가정한다) 난점이 두 군데 있다. 하나는 C점에서 타키온은 U턴을 하여야만 한다. 타키온의 U턴(크게 커브를 그리며 구부러져도 괜찮지만)에서는 도대체 어떤 일이 될는지 좀 짐작이 가지 않는다.

어쨌든 지금까지는 타키온이라는 불가사의한 입자를 대상으로 하였으나 특수 상대론의 범위에서 생각하였다. 그러나 이번에는 U턴이라는 가속이 있기에 일반 상대론을 써야만 한다. 타키온의 일반 상대론이란 과연 어떤 것일까.

두 번째 난점은 로켓도, 이에 탑승한 승무원의 몸도 타키온이 아니면 안 되는 것이다. 타키온으로 만들어진 몸이란 어떤 것인지 기묘하다. 여하튼 과거의 역사 속에서 타키온은 초(超)속도로 달려가고 있다. 타키온이기 때문에 정지할 수가 없다.

그러나 너무 딱딱하게 굴지 말고 여기서는 "양보하여" 정지할 수 있다고 해 보자. 이때 승무원은 이순신 장군이나 단군 할아버지와도 얘기를 나눌 수 있게 될 것인가?

타키온과 보통 물질(타키온)과의 사이에 상호작용이 있느냐 없느냐에 따라서 이야기가 달라진다. 만약 없다고 하면 눈앞의 역사적 사실에 대해 전적으로 투명하다. 즉 인간의 눈동자, 특히 그 수정체나 시신경은 광자와 상호작용이 없으며 아무것도 보이지 않는다. 상호작용이 없으므로 광속보다 빠른 타키온을 갖추고 있으면서도 아무것도 얻을 수 없다는 것이 결론이다.

만약 상호작용이 있으면 승무원은 역사 속에 등장한다. 그 대신 포탄 속에 드러나 그것을 피해야 할 것이며 갑옷에다 무장한 병사들의 습격을 받을 우려도 있다. 어설피 과거로 갔다가 목숨을 잃는 일이 없어야 할 것이다.

가령, 자신의 눈이 광자를 타고, 즉 빛의 속도로 달린다면 모조리 납작해져서 우주가 없어지는 것은 아닐까?

[답] 좋은 질문이다. 이치로 따지자면 옳은 말이다. 지극히 독특한 질문이라고 생각하지만—내가 아는 한—어떤 책을 보아도 이와 같은 질문은 없으며, 하물며 회답도 실리지 않았다. 자기와 상대속도 v로 달려가고 있는 것의 길이 l은 그것이 정지해 있을 때의 길이를 l_0으로 하면

$$l = l_0 \sqrt{1-(v/c)^2}$$

가 되며 이것을 로런츠(H. A. Lorentz, 1853~1928) 수축이라 한다. 특수상대론의 기본 식이다. 그러므로 만약 자신이 빛의 99.999……%의 속도로 달리면 100만 광년, 아니 1억 광년이나 먼 곳에 있는 별도 100m, 10m의 거리에 있는 것으로 된다. 자기 외에는 모두 뒤로 맹렬한 속도로 달려가기 때문에 상대론의 식에 따르는 한 얼마든지 단축된다. 그렇다면 광자에서 본 우주를 상상해 보았을 때 진행 방향의 길이는 완전히 제로가 된다. 다만 이것과 직각인 두 방향은 여전히 길기에, 빛에서 바라본 우주는 2차원이라고 결론할 수 있다.

이것은 단순한 공상이 아니라 상대론의 식 v에 광속도 c를 대입하여 얻어진 결과다. 그렇다면 빛 자신은 길이가 없는 방향으로 달려가려고 열중하고 있는 다소 오묘한 이야기가 된다. 정말로 그래서 되는가? 빛

에 대해서는 공간은 2차원이냐고 따지고 들면 유감스럽게도 필자는 대답할 수가 없다. 식을 그대로 인정하는 한 그와 같은 결론이 될 수밖에 없다고 하는 것이 고작이다. 필자가 좀 더 말하자면, "빛의 입장이 되어 세상을 바라본다"라는 발상법은 성립하지 않는다. 더 끝까지 추궁해 말하면, 빛은 어디까지나 객체일 뿐 주체가 될 수 없다는 뜻이다. 빛을 타고 간다거나, 눈을 광자에 결합한다는 식의 일은 있을 수 없다. 인간의 눈도 사물을 판단하는 두뇌도 결코 룩손(광속으로 달리는 입자)이 아니라, 타키온(광속보다 느린 입자)의 집합이다. 사고하는 인간을 단순한 물질의 집합이라고 설명하는 데에는 약간의 저항이 느껴지지만, 어쨌든 뇌세포, 더 작게는 유기 분자, 그리고 탄소·수소 등의 원자로 구성되어 있다는 사실은 확실하다. 보고 받은 자극을 두뇌로 전달하고, 다시 판단하는 능력을 가진 분자의 집합체가 광속으로 달릴 수는 없다. 즉 우리는 결코 납작하게 찌부러진 세계를 관측하거나, 그러한 방식으로 판단하는 일을 하지 않는다. 이런 까닭에 2차원으로 수축한 공간을 상정하는 것은 무의미하다는 것이 필자의 견해다.

지금까지 많은 "비유"를 들어 왔다. 그렇다면 '광속으로 달려간다면' 하고 생각하는 것이 뭐가 문제냐, 혹시 이 부분만 변명하려는 것이 아니냐고 묻는다면 사실 곤란하다. 곤란하긴 하지만, 그럼에도 그렇게 답할 수밖에 없다. 사고하는 존재는 광속으로 달릴 수 없기 때문이다.